Sascha Haller

Gestaltfindung

Untersuchungen zur Kraftkegelmethode

**Schriftenreihe
des Instituts für Angewandte Materialien**
Band 27

Karlsruher Institut für Technologie (KIT)
Institut für Angewandte Materialien (IAM)

Eine Übersicht über alle bisher in dieser Schriftenreihe erschienenen Bände
finden Sie am Ende des Buches.

Gestaltfindung

Untersuchungen zur Kraftkegelmethode

von
Sascha Haller

Dissertation, Karlsruher Institut für Technologie (KIT)
Fakultät für Maschinenbau
Tag der mündlichen Prüfung: 27. Mai 2013

Impressum

Karlsruher Institut für Technologie (KIT)
KIT Scientific Publishing
Straße am Forum 2
D-76131 Karlsruhe
www.ksp.kit.edu

KIT – Universität des Landes Baden-Württemberg und
nationales Forschungszentrum in der Helmholtz-Gemeinschaft

KIT Scientific Publishing 2013
Print on Demand

ISSN 2192-9963
ISBN 978-3-7315-0050-6

Gestaltfindung: Untersuchungen zur Kraftkegelmethode

**Zur Erlangung des akademischen Grades
Doktor der Ingenieurwissenschaften
der Fakultät für Maschinenbau
Karlsruher Institut für Technologie (KIT)**

**genehmigte
Dissertation
von**

Dipl.-Ing. Sascha Haller

27. Mai 2013

Hauptreferent: Prof. Dr. Claus Mattheck
Korreferent: Prof. Dr. Peter Gumbsch

Gestaltfindung: Untersuchungen zur Kraftkegelmethode

Bei der Entwicklung technischer Bauteile wird dem Leichtbau in vielen Phasen eine große Bedeutung zugeschrieben. Einen Teil des Leichtbaus stellt die Strukturoptimierung dar, bei der unter anderem eine möglichst optimale Anordnung der Bauteilelemente gesucht wird. Computerprogramme unterstützen diesen Prozess, allerdings sind die gefundenen Designvorschläge teilweise komplex und schwer zugänglich. Die Kraftkegelmethode hingegen vereinfacht die Gestaltfindung deutlich. Die Anwendung erfolgt rein grafisch ohne Computer und führt durch die anschauliche Darstellung zu einem tieferen funktionellen Verständnis technischer und natürlicher Strukturen.

In dieser Arbeit wird die Vorgehensweise zur Strukturerzeugung mit der Kraftkegelmethode für verschiedene Randbedingungen aufgezeigt und durch weitere Ansätze ergänzt. Im Vergleich zu Designvorschlägen der Computerprogramme werden große strukturelle Übereinstimmungen festgestellt. Ein experimenteller Versuch zeigt anhand grundlegender Modelle das Potential der Methode im Vergleich zu konventionellen Lösungen. Neben der Betrachtung technischer Strukturen wird am Beispiel der Mangrove verdeutlicht, wie Ansätze mit der Kraftkegelmethode gefunden werden und zu einem mechanischen Verständnis dieser natürlichen Struktur führen.

Designing Structures: Investigations on the Force Cone Method

Lightweight construction is of great importance during many phases in the development of technical components. Structural optimization is a section of lightweight design which searches for an optimal arrangement of elements, among other things. Computer programs support this process but design proposals discovered this way can be complex and difficult to understand. The Force Cone Method simplifies the structural design process considerably. Its implementation is carried out graphically, without the help of computers, leading to a deeper functional understanding of technical and natural structures through visualization.

The procedure of designing structures using the Force Cone Method is demonstrated for different boundary conditions and it is complemented by additional approaches in this work. Compared to the design proposals of computer programs, large structural similarities are discovered. An experiment based on elementary models shows the potential of the method in comparison with conventional solutions. In addition to examining technical structures, the mangrove is used as an example to illustrate how approaches can be identified with the Force Cone Method and how they lead to a better mechanical understanding of these natural structures.

Inhaltsverzeichnis

1 Einleitung

Bei nahezu jeder technischen Konstruktion wird heute der Leichtbau thematisiert. Dabei ist dieser sehr vielseitig und kommt in unterschiedlichen Entwicklungsphasen durch verschiedene Anwendungen zum Einsatz. Das allgemeine Ziel ist die Reduktion des Bauteilgewichts bei gleichbleibender Funktionserfüllung. Damit verbunden sind Ressourcen- und somit häufig auch Kosteneinsparungen. Bei bewegten Bauteilen führt das geringere Gewicht zusätzlich zu einem herabgesetzten Energieverbrauch oder ermöglicht größere Beschleunigungen und eine bessere Performanz.

Es existieren viele Möglichkeiten Leichtbaugedanken in eine Konstruktion einfließen zu lassen. Eine leicht nachvollziehbare ist der Werkstoffleichtbau, bei dem das Gewicht durch die Wahl eines leichteren Materials reduziert wird. Allerdings wird schnell klar, dass die Möglichkeiten nicht immer komplett getrennt voneinander betrachtet werden können. Ein leichteres Material besitzt eventuell andere Eigenschaften, weshalb dieses beispielsweise stärker dimensioniert werden muss oder die Bauteilelemente anders angeordnet werden müssen.

Diese Zusammenhänge werden bei der Strukturoptimierung erfasst. Die Anordnung der Elemente, auch Topologie genannt, hat großen Einfluss auf das Ergebnis. Eine möglichst optimale Topologie zu finden stellt eine Herausforderung für den Konstrukteur dar, zu der er mittlerweile einige Computerprogramme zur Unterstützung heran ziehen kann. Ein Beispiel stellt die SKO-Methode dar, die schon vor etwa 20 Jahren am Karlsruher Institut für Technologie nach dem biomechanischen Vorbild des Knochenwachstums entwickelt wurde.

Allerdings stößt der Einsatz der Computermethoden bei dem Punkt der Nachvollziehbarkeit und dem Verständnis an seine Grenzen. Für vorzugebende Randbedingungen berechnen Computerprogramme eine Lösung für genau diesen Input. Ein Computer kann Plausibilitätsprüfungen nur sehr beschränkt durchführen, weder die Randbedingungen hinterfragen noch einen Vorschlag zu deren Anpassung unterbreiten.

Die in dieser Arbeit behandelte Kraftkegelmethode stellt im Vergleich zu den Computermethoden eine grundlegende Vereinfachung und hinsichtlich des mechanischen Zugangs zu der Struktur eine Erweiterung dar. Dieses Denkwerkzeug zur Gestaltfindung eröffnet die Möglichkeit, Leichtbaustrukturen ohne den Einsatz von Computern zu finden und führt zu einem besseren Verständnis von komplexen Strukturen. Die noch junge Methode wird in dieser Arbeit tiefergehend untersucht. Computerfrei erzeugte Strukturen werden mit den Ergebnisstrukturen der Computermethoden verglichen und dadurch die Möglichkeiten und die Grenzen aufgezeigt. Außerdem wird die Mechanik natürlicher Strukturen mit Ansätzen der Kraftkegelmethode ergründet.

Aufbau der Arbeit

Zu Beginn der Arbeit werden allgemeine *Grundlagen* eingeführt, die zum weiteren Verständnis hilfreich sind. Darauf aufbauend erläutert Kapitel drei die *Methoden*, die bei den Untersuchungen zum Einsatz kommen. Das vierte Kapitel *theoretische Untersuchungen* beginnt mit grundlegenden Studien, die ausgehend von einfachen Randbedingungen die Möglichkeiten und die Grenzen der Kraftkegelmethode aufzeigen, bei denen die Vorgehensweise durch zusätzliche Gedanken erweitert wird. Ein *experimenteller Vergleich* verschiedener Strukturen verifiziert in Kapitel fünf die theoretischen Untersuchungen. Das sechste Kapitel *Anwendungen und mechanisches Verständnis* umfasst die Deutung natürlicher Strukturen mit Hilfe der Kraftkegelmethode. Die Arbeit endet mit einer Zusammenfassung.

2 Grundlagen

Die nachfolgenden Grundlagen führen zunächst die für das Verständnis
der Arbeit notwendigen technischen Begriffe und Definitionen ein. Darauf
aufbauend wird ein Überblick über das Thema Leichtbau gegeben und die
Optimierung mit dem Fokus der Strukturoptimierung betrachtet, bevor
Grundlagen biologischer Strukturen erklärt werden.

2.1 Tragwerke

Ein Tragwerk dient zur Aufnahme von Lasten und leitet diese über Lager
in die Umgebung ein. Es besteht aus miteinander verbundenen starren
Körpern, wobei ein Balken das einfachste Tragwerk darstellt. Zur Vereinfachung der Berechnung von Tragwerken werden oft Modelle mit Ideali-
sierungen, wie starre Körper oder punktförmige Kraftangriffe, verwendet.
[4]

Krafteinleitung

Äußere Kräfte wirken von außen auf das Tragwerk. Dazu gehören angreifende Kräfte und Lagerkräfte. Als innere Kräfte werden die Schnittgrößen
Normalkraft, Querkraft und Biegemoment bezeichnet. Der Kraftangriff erfolgt durch Einzelkräfte bzw. Punktlasten, Streckenlasten bzw. Linienlasten
oder Flächenlasten. [4]

Lager stellen eine Verbindung des Tragwerks zur Umgebung dar, indem sie
Freiheitsgrade binden. Einwertige Lager, wie beispielsweise ein Loslager,
unterbinden die Translation, die Verschiebung in eine Richtung. Ein Festlager als Vertreter der zweiwertigen Lager unterdrückt die Translationen in
zwei Richtungen. Im ebenen Fall ist somit nur noch eine Rotation um die

senkrecht zur Ebene stehende Achse möglich. Als dreiwertiges Lager gilt
im ebenen Fall die Einspannung, die zusätzlich zu den zwei Translationen
auch die Rotation verhindert. [4]

Abbildung 2.1 zeigt eine symbolische Darstellung der verschiedenen Lager
mit den unterdrückten Freiheitsgraden in grau.

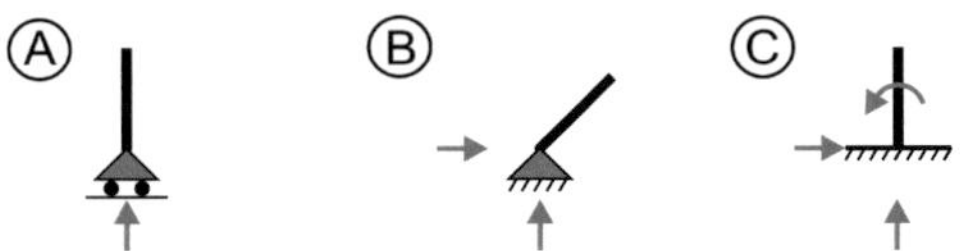

Abbildung 2.1: Symbolische Darstellung der Lager mit unterdrückten
Freiheitsgraden im ebenen Fall. A) Loslager, B) Festlager, C) Einspannung

Statische Bestimmtheit

Äußerliche statische Bestimmtheit trifft auf ein ebenes Tragwerk genau
dann zu, wenn sich die Lagerreaktionen eindeutig aus den Gleichgewichtsbedingungen der Kräfte und Momente ermitteln lassen. Ein Fachwerk ist ein
starres und statisch bestimmtes Stabtragwerk, bei dem die geraden Stäbe
nur Zug oder Druck aufnehmen, die Verbindungen der Stäbe reibungsfreie
Gelenke, sog. Knoten, sind und Kräfte nur an den Knoten angreifen [8].
Somit gilt für ein ebenes äußerlich statisch bestimmt gelagertes Fachwerk
mit r Lagerreaktionen, s Stäben und k Knoten für die Freiheitsgrade f:

$$f = r + s - 2k = 0. \tag{2.1}$$

Ermittlung von Stabkräften

Zur Ermittlung von Stabkräften gibt es mehrere Verfahren, drei davon
werden im Folgenden vorgestellt [4]. Zudem können Stabkräfte mit Hilfe
von Finite-Elemente-Analysen am Computer berechnet werden, worauf in
Kapitel 3.1 eingegangen wird.

Beim **Knotenrundschnitt-Verfahren** werden die Stäbe an einem Knoten mit Hilfe der Gleichgewichtsbedingungen in x- und y-Richtung betrachtet (Gleichungen 2.2 und 2.3).

$$\sum_{i=1}^{n} F_{ix} = 0 \qquad (2.2) \qquad\qquad \sum_{i=1}^{n} F_{iy} = 0 \qquad (2.3)$$

Da zwei Gleichungen vorliegen, dürfen maximal zwei Stabkräfte an diesem Knoten unbekannt sein. Mit diesem Verfahren lassen sich schnell zu vermeidende Nullstäbe ohne Belastung identifizieren.

Das **Rittersche Schnittverfahren** ermöglicht die Berechnung der Stabkräfte innerhalb eines Fachwerks. Nach der Berechnung der Lagerreaktionen wird der Schnitt so in das Fachwerk gelegt, dass maximal drei Stäbe mit unbekannter Stabkraft geschnitten werden. Mit Hilfe der beiden Gleichgewichtsbedingungen 2.2 und 2.3 und dem Momentengleichgewicht 2.4 um einen Knoten A werden mit den resultierenden Gleichungen die drei Unbekannten bestimmt.

$$\sum_{i=1}^{n} M_{iA} = \sum_{i=1}^{n} (F_{iy}x_i - F_{ix}y_i) = 0 \qquad (2.4)$$

Als drittes Verfahren werden mit dem **Cremonaplan** nach Berechnung der Lagerreaktionen die Stabkräfte graphisch ermittelt. Das Kräftegleichgewicht verlangt an den Knoten jeweils ein geschlossenes Krafteck. Beginnend an einem Knoten mit maximal zwei unbekannten Stabkräften, werden die Kraftecke nacheinander abgearbeitet. Die Richtung der Stabkräfte ist durch die Stabrichtung festgelegt. Die Stabkräfte entsprechen den Streckenlängen relativ zu den gegebenen Kräften. Abbildung 2.2 verdeutlicht das Vorgehen.

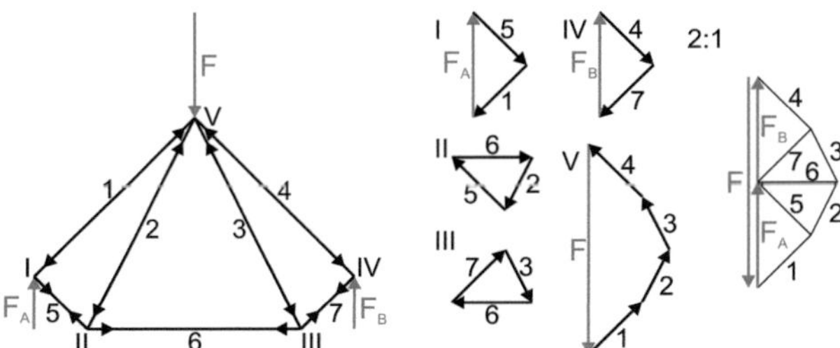

Abbildung 2.2: Cremonaplan. Links: Übersicht des Fachwerks, Mitte: Kraftecke, rechts: Kräftepolygon

2.2 Festigkeitslehre

Die Festigkeitslehre dient der Dimensionierung von Bauteilen, so dass
diese beim Einsatz nicht durch zu hohe Beanspruchung versagen, aber
gleichzeitig nicht unnötig viel Material verwendet wird. Hierfür werden
Bauteile als feste und elastisch verformbare Körper angesehen. [4]

Grundbegriffe

Es gibt fünf Grundbeanspruchungsarten. Dazu gehören Zug, Druck, Biegung, Schub und Torsion, die in Abbildung 2.3 verdeutlicht werden.

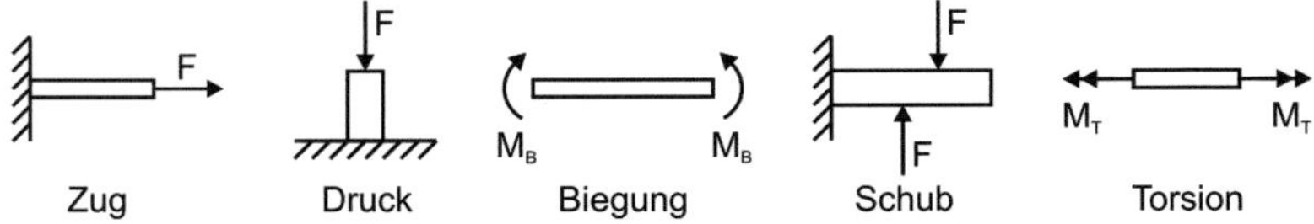

Abbildung 2.3: Grundbeanspruchungsarten

Wird ein Stab wie links in Abbildung 2.3 auf Zug oder Druck entlang seiner
Achse belastet, so entsteht ein einachsiger Spannungszustand, für dessen
Spannung σ mit der anliegenden Kraft F und der Querschnittsfläche A
gilt [4]:

$$\sigma = \frac{F}{A}. \tag{2.5}$$

In einem Körper kann der vollständige Spannungszustand an einem Punkt
mit einem quaderförmigen Element beschrieben werden, wie in Abbildung
2.4 dargestellt. Die Normalspannungen σ_i stehen senkrecht auf den Ebenen mit den Normalenrichtungen $i = x, y, z$. Die Schubspannungen τ_{ij}
liegen in den Ebenen mit den Normalenrichtungen i und sind entlang der
Koordinatenachsen $j = x, y, z$ gerichtet. [2]

Aus den Momentengleichgewichten um die Koordinatenachsen ergibt sich
der Satz von der Gleichheit der zugeordneten Schubspannungen. Demnach

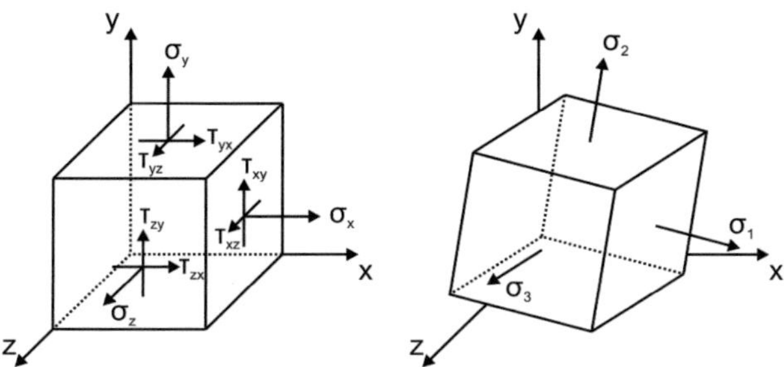

Abbildung 2.4: Links: allgemeiner Spannungszustand am quaderförmigen Element. Rechts: Hauptnormalspannungen nach Elementdrehung

sind die Schubspannungen in senkrecht zueinander stehenden Schnittflächen paarweise gleich und zu den Kanten hin oder von ihnen weg gerichtet. Es gilt [2]:

$$\tau_{xy} = \tau_{yx}, \qquad \tau_{xz} = \tau_{zx}, \qquad \tau_{yz} = \tau_{zy}. \tag{2.6}$$

Der dreidimensionale Spannungstensor σ_{ij} für ein Volumenelement ist somit symmetrisch und wird folgendermaßen beschrieben:

$$\sigma_{ij} = \begin{pmatrix} \sigma_x & \tau_{xy} & \tau_{xz} \\ \tau_{yx} & \sigma_y & \tau_{yz} \\ \tau_{zx} & \tau_{zy} & \sigma_z \end{pmatrix} = \begin{pmatrix} \sigma_x & \tau_{xy} & \tau_{xz} \\ & \sigma_y & \tau_{yz} \\ sym. & & \sigma_z \end{pmatrix}. \tag{2.7}$$

Die Hauptspannungen sind die Extremwerte der Normal- bzw. Schubspannungen. Sie treten durch Drehung des Volumenelementes auf. [2]

Die drei Hauptnormalspannungen stehen senkrecht aufeinander (siehe Abbildung 2.4), gleichzeitig verschwinden alle Schubspannungen. Die erste Hauptnormalspannung σ_1 ist dabei immer der größten Spannung zugeordnet und σ_3 der kleinsten. Es gilt $\sigma_1 > \sigma_2 > \sigma_3$. Die Vektoren dieser Hauptnormalspannungen werden oft auch als Kraftfluss bezeichnet. [18]

Die drei Hauptschubspannungen treten unter anderen Winkeln auf. Im zweidimensionalen Fall stehen die Hauptschubspannungen in einem 45°-Winkel zu den Hauptnormalspannungen. Für die Größen der Hauptschubspannungen gilt [2]:

$$\tau_1 = \frac{\sigma_2 - \sigma_3}{2}, \qquad \tau_2 = \frac{\sigma_1 - \sigma_3}{2} = \tau_{max}, \qquad \tau_3 = \frac{\sigma_1 - \sigma_2}{2}. \qquad (2.8)$$

Durch eine Belastung verformt sich ein Körper und damit auch jedes Element darin. Im Beispiel der Zugbelastung des Stabes bewirkt die angelegte Kraft nicht nur eine Deformation des Stabes, sondern auch eine Spannung. Die ursprüngliche Stablänge l_0 hat sich bei Belastung mit der Kraft F um die Längenänderung Δl vergrößert. Die Dehnung ε wird somit als relative Längenänderung bestimmt durch:

$$\varepsilon = \frac{\Delta l}{l_0}. \qquad (2.9)$$

Für linear-elastisches Materialverhalten und bei kleinen Deformationen sind die Dehnungen ε und die Spannungen σ über das Hookesche Gesetz durch den Elastizitätsmodul E verbunden. Der Elastizitätsmodul, auch E-Modul genannt, ist somit eine materialabhängige Proportionalitätskonstante, die ein Maß für die Steifigkeit darstellt. Das Hookesche Gesetz für den eindimensionalen Fall lautet [2]:

$$\sigma = E\varepsilon. \qquad (2.10)$$

Die Federkennlinie kennzeichnet die Abhängigkeit der Kraft F vom Weg s, der Auslenkung des Kraftangriffspunktes. Die Definition der Federsteifigkeit c wird häufig als Maß für die Struktursteifigkeit verwendet. Sie entspricht im Kraft-Weg-Diagramm der Steigung der angenäherten Geraden im elastischen Bereich. [2]

$$c = \frac{dF}{ds} \qquad (2.11)$$

Die Fließspannung kennzeichnet das Ende des elastischen Bereichs. Bei höherer Belastung kommt es zu plastischer Verformung und schließlich zum Versagen bei der maximal ertragbaren Bruchspannung. Diese Festigkeitskennwerte können dem Spannungs-Dehnungs-Diagramm entnommen werden, das auch Aufschluss über das Materialverhalten gibt.

Gelten diese Materialparamter in alle Richtungen gleich, dann liegt isotropes Material vor. Unterscheiden sie sich in verschiedenen Richtungen, wird das Material als anisotrop bezeichnet.

Zusammengesetzte Beanspruchungen

Die einzelnen Grundbeanspruchungsarten treten in Bauteilen oft kombiniert auf, so dass ein komplizierter mehrachsiger Spannungszustand vorherrscht. Dieser kann durch verschiedene Festigkeitshypothesen einem einachsigen Spannungszustand gegenübergestellt werden. Die Vergleichsspannung σ_v darf dabei die zulässige einachsige Normalspannung nicht übersteigen.

Nach der **Normalspannungshypothese** entspricht die Vergleichsspannung $\sigma_{v,NH}$ der größten Hauptnormalspannung und ist unabhängig von den anderen Hauptspannungen für den Bruch verantwortlich. Beim spröden Bruch tritt der Riss senkrecht zu dieser Hauptnormalspannung auf. [2]

$$\sigma_{v,NH} = \sigma_1 \qquad mit \qquad \sigma_1 > \sigma_2 > \sigma_3 \tag{2.12}$$

Ein Gleitbruch in einem Winkel von $45°$ zu der größten Hauptnormalspannung ist kennzeichnend für ein Versagen auf Grund der Hauptschubspannungen. Die Vergleichsspannung wird nach der **Schubspannungshypothese** berechnet. Da bei einachsigem Spannungszustand für die maximalen Schubspannungen $\tau_{max} = \frac{1}{2}\sigma$ gilt, ergibt sich die Vergleichsspannung $\sigma_{v,SH}$ zu [2]:

$$\sigma_{v,SH} = 2\tau_{max} = \sigma_1 - \sigma_3. \tag{2.13}$$

Die **Gestaltänderungsenergiehypothese**, auch GE- oder von-Mises-Hypothese genannt, vergleicht die zur Gestaltänderung erforderliche Arbeit, woraus die Vergleichsspannung $\sigma_{v,GEH}$ folgt. Ihr Geltungsbereich umschließt verformbare Werkstoffe, die beim Auftreten plastischer Verformung oder durch Ermüdung bei schwingender Beanspruchung versagen. [2]

$$\sigma_{v,GEH} = \sqrt{\frac{1}{2}[(\sigma_1 - \sigma_2)^2 + (\sigma_2 - \sigma_3)^2 + (\sigma_3 - \sigma_1)^2]} \tag{2.14}$$

Elastische Knickbeanspruchung

Druckbelastete Stäbe können durch Knicken versagen, wenn deren Querschnitte unterdimensioniert sind. Bei Festlegung des Querschnitts A über die zulässigen Festigkeiten σ_{zul} des verwendeten Materials führt eine große Stablänge dazu, dass die Normalkraft F im Stab die kritische Knicklast F_k übersteigt.

$$F = A\sigma_{zul} > F_k \tag{2.15}$$

Der Querschnitt geht in das axiale Flächenträgheitsmoment I ein. Bei Biegung des Stabes um die zur Höhe h und zur Stabachse senkrecht stehende Achse gilt für einen rechteckigen Querschnitt mit der Breite b und der Höhe h [2]:

$$I = \frac{bh^3}{12}. \tag{2.16}$$

Besitzt der Stab einen kreisförmigen Querschnitt mit dem Radius r, so macht die Biegerichtung keinen Unterschied und für das Flächenträgheitsmoment I gilt [2]:

$$I = \frac{\pi r^4}{4}. \tag{2.17}$$

Das axiale Flächenträgheitsmoment I, die wirksame Knicklänge l_k und der Elastizitätsmodul E bestimmen die kritische Knicklast F_k. Diese ergibt sich bei einem rechteckigen Querschnitt mit Breite b und Höhe h, sowie dem Flächenträgheitsmoment aus Gleichung 2.16 zu [2]:

$$F_k = \frac{\pi^2 EI}{l_k^2} = \frac{\pi^2 Ebh^3}{12l_k^2}. \tag{2.18}$$

Die Potenzen weisen auf unterschiedlich starke Abhängigkeiten hin. Eine Vergrößerung der Höhe h hat beispielsweise einen deutlich stärkeren Einfluss als eine Vergrößerung der Breite b, da die Knickkraft von der Höhe in der dritten Potenz und von der Breite nur linear abhängig ist. Das Gegenteil ist der Fall bei Verlängerung der Stablänge l, die Knickkraft sinkt quadratisch.

Die wirksame Knicklänge l_k ergibt sich aus der Stablänge l mit Beachtung der vier Eulerschen Knickfälle. Sie sind von der Lagerung des Stabes abhängig, die das Knicken begünstigt oder erschwert. Abbildung 2.5 verdeutlicht die Knickfälle mit ihren wirksamen Knicklängen.

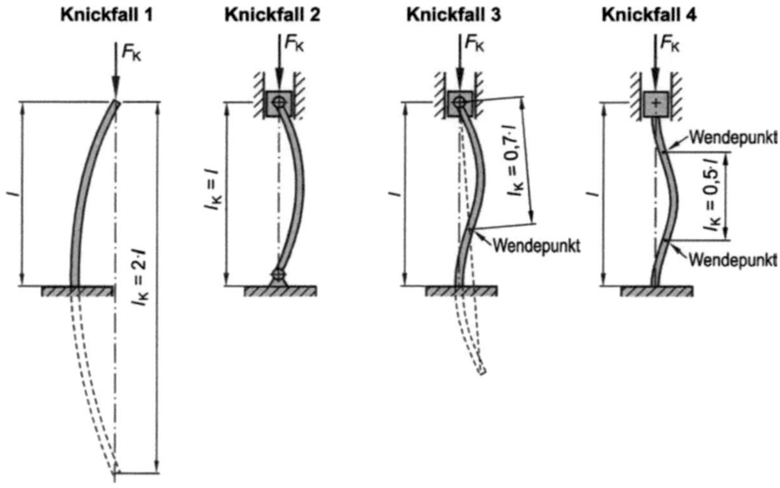

Abbildung 2.5: Eulersche Knickfälle mit Veranschaulichung der zugehörigen Knicklängen [16]

2.3 Leichtbau

Das allgemeine Ziel des Leichtbaus ist die Gewichtsreduktion eines Bauteils. Die Gründe dafür sind meist funktional oder ökonomisch, wobei es oft Restriktionen wie eine festgelegte Tragfähigkeit oder Steifigkeit gibt. Ist andererseits das Gewicht festgelegt, besteht die Möglichkeit, die Tragfähigkeit oder die Steifigkeit zu maximieren.

Durch den Leichtbau entstehen Vorteile einerseits durch Materialersparnis, da weniger Material zur Herstellung benötigt wird, andererseits durch Energieersparnis, da die Bewegung geringerer Massen weniger Energie verbraucht, oder grundsätzlich durch das geringe Gewicht, welches das Fliegen beispielsweise erst ermöglicht. [33]

Leichtbau setzt an unterschiedlichen Stellen im Entwicklungsprozess an. Beim Bedingungsleichtbau werden zu Beginn die durch Gesellschaft und Politik vorgegebenen Anforderungen hinterfragt. Zum Beispiel gelten in der Automobilindustrie je nach Verkaufsregion andere Gesetze oder müssen unterschiedliche Crashanforderungen eingehalten werden. Die Strukturoptimierung umfasst als eher klassisch angesehener Leichtbau die Wahl der Bauweise, der Topologie, des Materials, der Gestalt und der Dimensionierung. Sie wird später in Kapitel 2.4 behandelt. Im Entwicklungsprozess folgt darauf der Fertigungsleichtbau, bei dem durch die Wahl der Fertigungsverfahren materialsparendere Lösungen oder gesteigerte Materialeigenschaften erzielt werden können. [11]

2.3.1 Leichtbauweisen

Grundsätzlich lassen sich vier Leichtbauweisen unterscheiden [33]. Bei der **Differentialbauweise** werden die Funktionen des Bauteils getrennt, die einfacheren Einzelteile für sich optimiert und anschließend punktuell durch fügende Fertigungsverfahren miteinander verbunden. Dabei besteht die Möglichkeit, verschiedene Materialien zu kombinieren. Allerdings können viele Fügestellen Probleme bereiten und zu einem hohen Montageaufwand führen.

Die **Integralbauweise** bringt ein Bauteil hervor, das aus einem Stück geformt wird und alle Funktionen integriert. Dies führt zu einer komplizierteren Fertigung, jedoch reduzieren sich die Masse und der Montageaufwand durch eingesparte Fügestellen deutlich.

Die **integrierende Bauweise** versucht, beide vorhergehenden Bauweisen zu vereinen. Dabei werden die Eigenschaften und Funktionen eines Grundgerüsts durch weitere Einzelelemente aufgewertet.

Die **Verbundbauweise** kombiniert verschiedene Materialien in einem Bauteil, wobei die jeweiligen Vorteile der Materialien möglichst gut ausgenutzt werden. Typische Beispiele sind die Sandwichplatte mit Blechhäuten auf einem Schaumstoffkern und die faserverstärkten Kunststoffe.

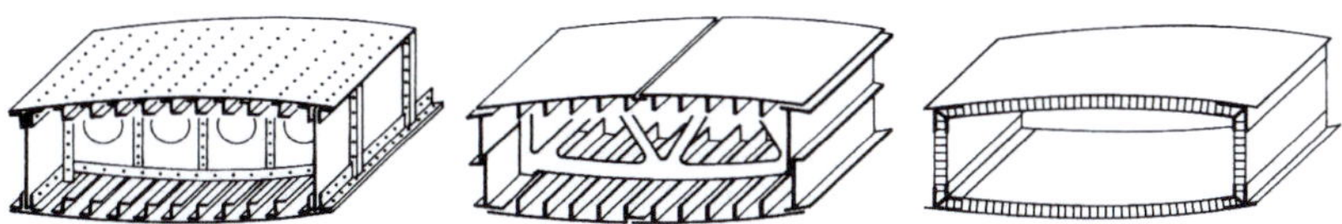

Abbildung 2.6: Tragflügelkasten mit verschiedenen Bauweisen. Links: Differentialbauweise, Mitte: Integralbauweise, rechts: Sandwichbauweise [33]

2.3.2 Gestaltungsprinzipien

Zugbelastete Strukturen sind ideal für Leichtbaukonstruktionen, da diese nicht gegen Knicken von Stäben oder Beulen von Platten ausgelegt werden müssen und das gesamte Material direkt in die Tragfähigkeit eingeht. „In Seilen Denken" stellt nach Mattheck [20] eine Denkweise dar, die zunächst möglichst nur Zugseile verbaut und anschließend notwendige Druckstützen ergänzt. Drucktragende Strukturen sind unter bestimmten Umständen knickgefährdet und sollten daher in ihrer Anzahl reduziert werden.

Eine **gute Materialausnutzung** ist für Leichtbaustrukturen unabdingbar. Vergleicht man ein Bauteil mit einer Kette wie in Abbildung 2.7, so ist eine Kette mit einem einzelnen schwachen Glied nicht optimal. Hält sie

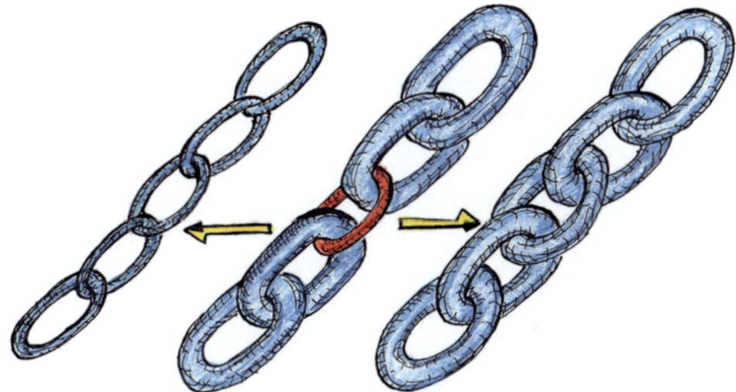

Abbildung 2.7: Gute mechanische Konstruktion: Kette gleich fester Glieder [20]

der Belastung stand, sind alle dickeren Kettenglieder überdimensioniert
bzw. zu schwer und können verkleinert werden. Reißt die Kette andererseits am schwachen Glied, muss dieses verstärkt werden. Ein Beispiel für
ein schwaches Kettenglied in Konstruktionen sind nicht formoptimierte
Kerben, die an der Bauteiloberfläche Spannungsspitzen hervorrufen und
von denen Risse starten können. [20]

Um zusätzlich belastete Strukturen einzusparen, sollte eine **direkte Kraftleitung** realisiert werden. Der Kraftangriffspunkt liegt direkt auf der
Hauptstruktur. Die Kraftleitung folgt möglichst geraden Bahnen ohne
Umlenkungen und Umleitungen. Kräfte werden bestenfalls großflächig
eingeleitet, um Punktlasten zu vermeiden. Außerdem ist eine **Symmetrie**
der Strukturen erstrebenswert, bei der ein innerer Kräfteausgleich Vorteile
bringt. Abbildung 2.8 zeigt Beispiele hierfür. [14]

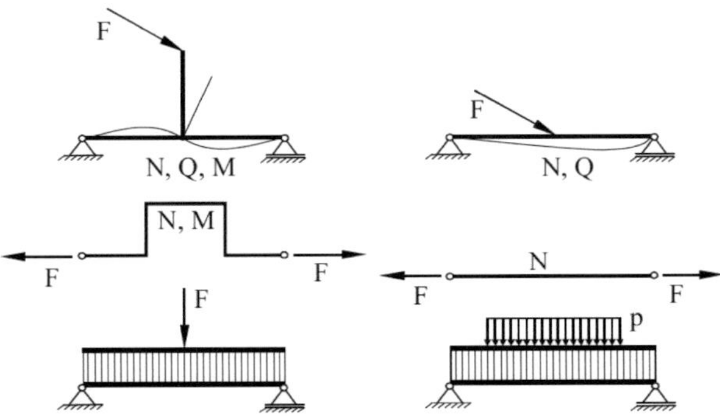

Abbildung 2.8: Kraftleitungsprobleme in Tragwerken. Links: ungünstig,
rechts: vorteilhafter [14]

Durch vorteilhaftere Querschnitte kann das Gewicht biegebelasteter Bauteile verringert werden. Doppel-T-Träger, Hohlprofile oder dünnwandige
Profile mit gefülltem Stützkern führen bei gleichem Materialeinsatz zu
einer **Erhöhung des Flächenträgheitsmomentes**. Abbildung 2.9 veranschaulicht entsprechende Querschnitte. [14]

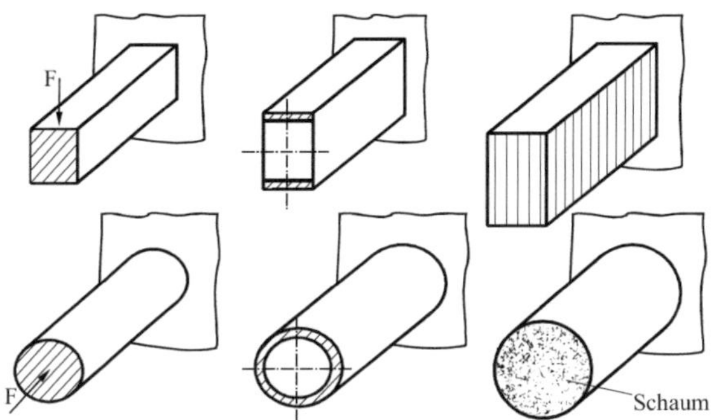

Abbildung 2.9: Vergrößerung des Flächenträgheitsmomentes. Links: ungünstig, Mitte und rechts: vorteilhafter [14]

2.4 Strukturoptimierung

Optimierung bedeutet allgemein die Verbesserung eines Ergebnisses durch das Verändern bestimmter Parameter, die das Ergebnis beeinflussen. Dies trifft auf alle Bereiche zu. Kürzere Wege, schnellere Bearbeitungen oder auch leichtere Bauteile sind mögliche Ziele. Dabei können immer die typischen Elemente identifiziert werden. Designvariablen stellen die während der Optimierung veränderbaren Parameter dar, die Einfluss auf das Ergebnis haben. Das Ergebnis selbst ist die optimale Lösung einer Zielfunktion, bei der Restriktionen bzw. Grenzen die möglichen Lösungen einschränken. [31]

Die Zielfunktion und die Restriktionen sind bei einer Optimierung unveränderlich, d.h. das Ergebnis stellt eine Lösung dar, die genau auf eine Zielfunktion und die zu Beginn festgelegten Restriktionen passt. Somit findet durch die Optimierung immer eine Spezialisierung auf genau diese Bedingungen statt. Ändern sich die Zielfunktion oder die Restriktionen ist das zuvor ermittelte Ergebnis meist nicht mehr das Optimum.

Der Begriff „Optimum" oder optimales Ergebnis muss mit Bedacht gewählt werden. Die Lösung einer Zielfunktion gleicht oft einem Optimierungsgebirge mit vielen lokalen Optima, aber nur einem globalen Optimum. Ist das Optimierungsgebirge unbekannt, so ist die Identifizierung des globalen

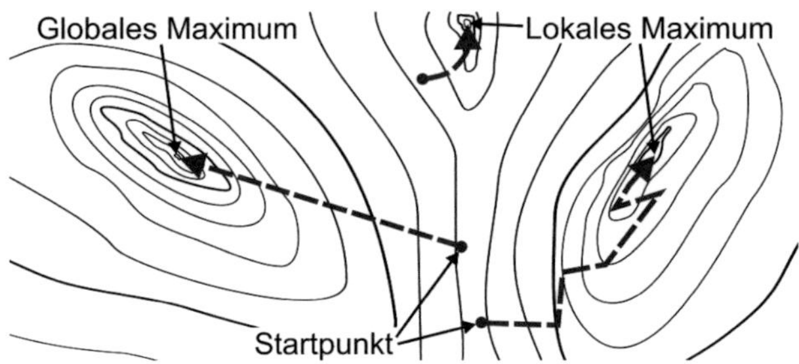

Abbildung 2.10: Veranschaulichung des Optimierungsproblems als Gebirgslandschaft

Optimums eine große Herausforderung. Abbildung 2.10 veranschaulicht das Optimierungsproblem als Gebirgslandschaft.

Die Wahl des Startpunktes beeinflusst das Ergebnis ebenso wie das gewählte Optimierungsverfahren. Die Verfahren unterscheiden sich in den Ansätzen, den Lösungsalgorithmen, der Dauer und der Robustheit. Nicht jedes Verfahren führt immer zu einem sinnvollen Ergebnis. Da das Optimum unbekannt ist, ist es möglich, dass das Optimum nicht auf direktem Weg gefunden wird.

Die Strukturoptimierung dient als Entwicklungswerkzeug und zielt darauf ab, die Bauteileigenschaften entsprechend der gegebenen Anforderungen und Restriktionen zu verbessern. Elemente der Zielfunktion einer Strukturoptimierung können beispielsweise das Gewicht, die Steifigkeit, die Festigkeit, die Lebensdauer oder die Eigenfrequenz sein [31]. Die Designvariablen ergeben sich aus den folgenden Untergebieten der Strukturoptimierung. Eine Übersicht mit je drei zugehörigen Beispielen zeigt Abbildung 2.11.

Die Wahl der Bauweise (siehe auch Kapitel 2.3.1) beeinflusst die entstehende Struktur, wodurch unterschiedliche Designvariablen zur Verfügung stehen, z.B. werden die Stäbe eines Fachwerks bei Vollwandträgern nicht benötigt. Die Topologie, bzw. die Anordnung der Strukturelemente verändert grundlegende Parameter wie die Anzahl der Knoten oder Verbindungselemente. Die Materialeigenschaften werden durch die Wahl unterschiedlicher Werkstoffe und Werkstoffklassen beeinflusst, die jeweils eine bestimmte Kombination von spezifischem Gewicht, Festigkeit und

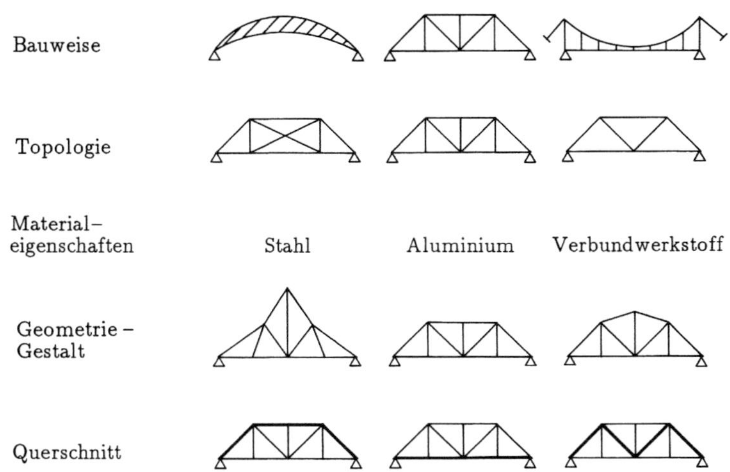

Abbildung 2.11: Untergebiete der Strukturoptimierung mit je drei Beispielen [6]

Elastizitätsmodul bedingen. Bei gleicher Topologie kann die Struktur in ihrer Geometrie und Gestalt durch die Lage, Länge oder Krümmung der Strukturelemente verändert werden. Der Querschnitt kann bei der Dimensionierung durch die Anpassung von Wanddicken und Stabdurchmessern optimiert werden. [6]

Einer Topologieoptimierung sollte eine Formoptimierung folgen, um Spannungsspitzen an Kerben und Übergängen zu reduzieren und dadurch die Bauteillebensdauer zu verlängern. Es sei hier an die Kette gleich fester Glieder aus Kapitel 2.3.2 erinnert.

Als einer der ersten befasste sich Michell [25] Anfang des 20. Jahrhunderts mit der Strukturoptimierung. Die Grundlage seiner Entwurfstheorie für Stabwerke bilden Hauptdehnungsfelder, die damals noch analytisch oder grafisch gewonnen wurden. Zu ihnen wurden passende Lastfälle gesucht. Strukturen minimalen Volumens sollten demnach die Kräftepfade größtmöglicher virtueller Dehnung belegen, so dass die Zug- und Druckstäbe der Struktur entlang einzelner, aus dem kontinuierlich belegten Feld ausgewählter Hauptdehnungstrajektorien verlaufen. Losgelöst von den realen Dehnungen spielt das Materialgesetz keine Rolle für die virtuelle Raumgestaltänderung [33]. Es existieren nur wenige Beispiele für Michell-Strukturen, von denen zwei in Abbildung 2.12 gezeigt sind.

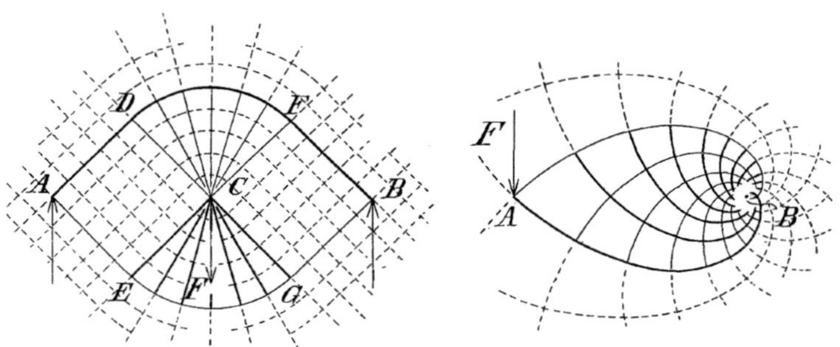

Abbildung 2.12: Michell-Strukturen. Links: drei vertikale Einzelkräfte, rechts: Einzelkraft an kreisförmiger Einspannung [25]

Bei der Strukturoptimierung werden verschiedene Verfahren eingesetzt. Eines davon stellt das Optimalitätskriterienverfahren dar, bei dem das optimale Design durch die Erfüllung eines Kriteriums bestimmt wird, das bekanntermaßen eine Bedingung für das Optimum ist. Zu diesen Verfahren zählen das Prinzip vom voll beanspruchten Tragwerk, mathematische Herangehensweisen und das lastadaptive Wachstum in der Natur (vgl. Kapitel 2.5.1 und 3.3). [10]

Das Prinzip vom voll beanspruchten Tragwerk besagt, dass ein Tragwerk dann das minimale Gewicht aufweist, wenn möglichst viele Stäbe voll beansprucht werden [10]. Für jeden Stab i gilt mit dem Querschnitt A_i, dem minimalen Querschnitt $A_{i,min}$, der Spannung σ_i und der zulässigen Spannung $\sigma_{i,zul}$:

$$\sigma_i = \sigma_{i,zul} \qquad oder \qquad A_i = A_{i,min}. \tag{2.19}$$

Die zulässige Spannung ergibt sich dabei aus den Festigkeiten des verbauten Materials. Gegebenenfalls müssen Druckstreben nach Gleichung 2.18 gegen Knicken ausgelegt werden. Sind die Streben knickgefährdet, ist dadurch ein minimaler Querschnitt vorgegeben.

Die meisten Optimierungsprogramme sind auf Grund der vielen Parameter komplex, weshalb ihr effektiver Einsatz von der Erfahrung des Anwenders abhängig ist. Die Qualität des Ergebnisses wird dadurch maßgeblich beeinflusst. [10]

2.5 Grundlagen biologischer Strukturen

Im Folgenden werden einige Grundlagen zu den in dieser Arbeit behandelten biologischen Strukturen erläutert. Dabei wird sowohl auf das Verständnis biologischen Wachstums, als auch auf die Materialeigenschaften biologischer Werkstoffe eingegangen.

2.5.1 Biologische Selbstoptimierungsprinzipien

Biologische Strukturen weisen oft eine optimal angepasste Gestalt für die jeweils vorherrschenden Belastungen auf. Je nach Wachstumsart ist diese Gestalt entweder ein fertiges Ergebnis der Evolution und hat durch natürliche Auslese als geeignete Wahl überlebt oder ein veränderbares Produkt, das sich durch lastadaptives Wachstum den Belastungen ständig anpasst. Als grundlegende Designregel der Natur wird das Axiom der konstanten Spannung in beiden Fällen durch eine gleichmäßige Beanspruchung der gesamten Struktur erfüllt. [18]

Die Realisierung dieses Axioms an der Oberfläche der Bäume erfolgt durch das spannungsgesteuerte bzw. lastadaptive Wachstum. Spannungsrezeptoren im Kambium, der Wachstumsschicht der Bäume, erfassen die Beanspruchung lokal. Entsprechend wird an diesen Stellen mehr oder weniger Material angelagert, so dass der Jahresring teilweise dicker oder dünner ausgebildet wird. Außerdem unterscheiden sich die Eigenschaften des Holzes. Je nach Holzzusammensetzung hält es beispielsweise besser einer Zugbelastung oder einer Druckbelastung stand. Auf diese Weise erreicht der Baum eine homogene Spannungsverteilung an der Oberfläche. Spannungsspitzen, von denen Versagen ausgehen kann, werden vermieden.

Knochen wachsen ebenfalls lastadaptiv. Allerdings sind sie im Gegensatz
zum Baum in der Lage, Material durch Mineralisierungsvorgänge umzubil-
den. Hochbelastete Bereiche werden durch Knochenaufbau und teilweise
durch Ausbildung eines Mikrofachwerks aus feinsten Knochenbälkchen
weiter verstärkt, wohingegen in wenig belasteten Bereichen Material abge-
baut wird, so dass die Spannungen entsprechend des Axioms ausgeglichen
werden.

Als Beispiel wird eine Biegebelastung betrachtet, bei der allgemein hohe Biegespannungen (Zug und Druck) am Rand des Bauteils auftreten,
während die neutrale Faser in der Mitte unbelastet ist. Lastadaptives
Wachstum sorgt dafür, dass im Bereich dieser hohen Spannungen mehr
Material angelagert wird, beim Baum beispielsweise durch einen dicken
Jahresring. In Abbildung 2.13 erkennt man bei der Fichtenwurzel und
dem Warzenschweinhauer die erwähnten Materialanhäufungen. Technisch
vergleichbar hierzu ist der I-Träger, auch Doppel-T-Träger genannt, der
besonders für Biegebelastungen optimiert ist. [18]

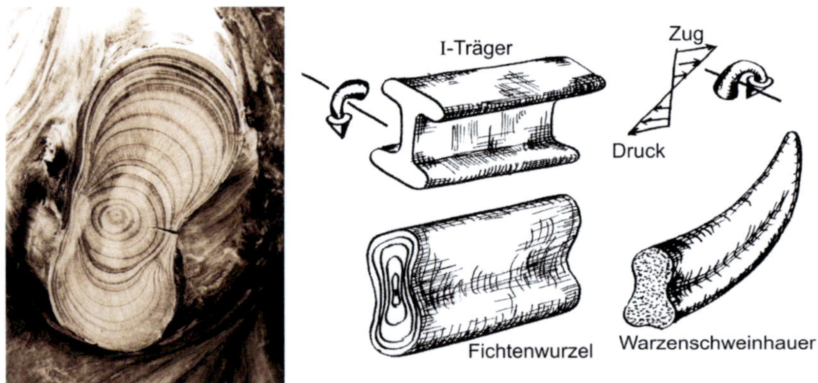

Abbildung 2.13: Natürliche und technische Beispiele für lastangepasste
Strukturen bei Biegebelastung [21] [18]

Ein weiteres Prinzip biologischer Selbstoptimierung wird anhand des Querschnitts eines Bananenblattstieles erklärt (siehe Abb. 2.14). Durch das
Eigengewicht des Blattes und die angreifende Windlast wird der Stiel
gebogen und der Querschnitt verformt sich entsprechend der roten Pfeile

im linken Bild. Um ein Ausknicken des unteren Bogens nach außen zu verhindern, ziehen „Seile" diesen Bogen nach innen. [20]

Das Prinzip lässt sich anhand eines Knickstabes wie im rechten Teil der Abbildung erläutern. Der Knickstab in Teil A kann zu beiden Seiten ausknicken. Eine Vorkrümmung wie in Teil B gibt dem Druckbogen eine Richtung vor, erleichtert jedoch das Knicken. Durch Hinzufügen eines Seiles wie in Teil C wird dieses Knicken verhindert und die Knicklänge nahezu halbiert. Weitere Seile (D) reduzieren die Knicklängen erneut, wodurch eine bessere Auslastung des Materials erreicht wird, bis die Druckfestigkeit, das seitliche Ausknicken oder das Implodieren problematischer werden.

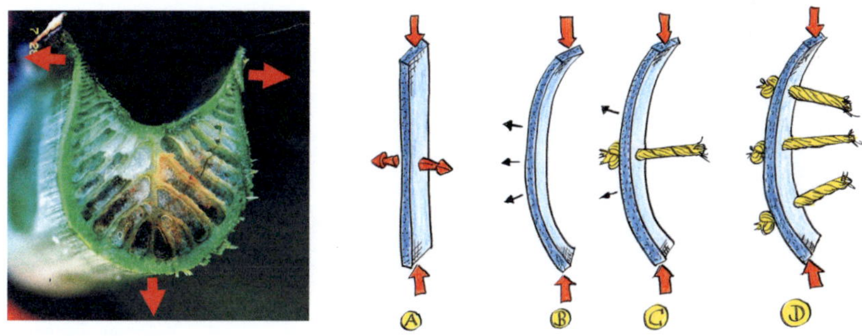

Abbildung 2.14: Links: Querschnitt eines Bananenblattstieles, rechts: vom Knickstab zum Druckbogen [20]

2.5.2 Mangrove

Die Eigenschaften von Mangroven sind an spezielle Umgebungsbedingungen angepasst. Mangrovenwälder findet man in tropischen und subtropischen Klimazonen. Die immergrünen Wälder aus Bäumen und Sträuchern verschiedener Gattungen und Arten wachsen im von den Gezeiten überfluteten Uferbereich und teilweise auch an Flüssen im Hinterland. Als Übergangszone zwischen Meer und Land bilden sie einzigartige Ökosysteme, in denen sie einer vielfältigen Fauna einen Lebensraum bieten, sowohl im Wasser, als auch in den Baumkronen. Weltweit wird die von Mangrovenwäldern bedeckte Fläche auf etwa $170.000 km^2$ geschätzt, was ungefähr der Hälfte der Fläche Deutschlands entspricht. In vielen Gebieten sind die Mangrovenwälder jedoch durch Abholzung bedroht. [7]

Im Küstengebiet teilen sich die Mangroven in Zonen verschiedener Gattungen auf, je nach Häufigkeit und Dauer der Überschwemmung, der Bodenbeschaffenheit und der Salinität. Zu den wichtigsten Gattungen zählen Avicennia mit der weltweit größten Verbreitung, Ceriops, Rhizophora und Sonneratia. Beispielhaft verdeutlicht Abbildung 2.15 das Zonierungsschema für die ostafrikanische Mangrove. Die in dieser Arbeit untersuchte Art *Rhizophora Mangle*, die Rote Mangrove, wächst in der Rhizophora-Zone, die regelmäßig im Bereich der Flut liegt und starke Schwankungen im Salzgehalt aufweist. [5]

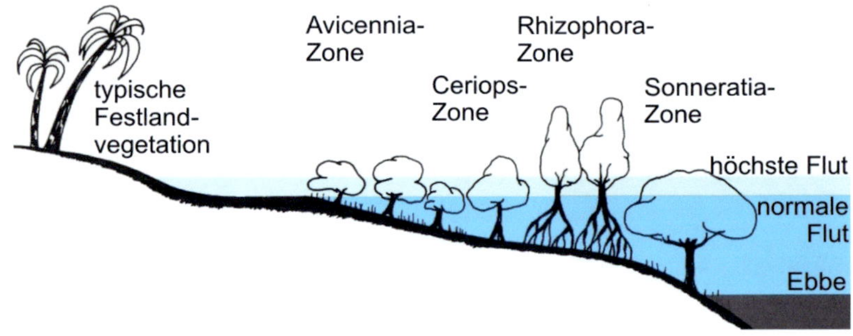

Abbildung 2.15: Zonierungsschema für die ostafrikanische Mangrove [5]

Die Rote Mangrove ist weit verbreitet von Afrika bis zur Pazifikküste Südamerikas und fast ausschließlich in den warmen tropischen Breiten zu finden, da sie keine Temperaturen nahe dem Gefrierpunkt verträgt. Dort werden die immergrünen Bäume unter günstigen Bedingungen bis zu $30m$ hoch [32]. Abbildung 2.16 zeigt eine Rhizophora-Art in Florida. Die Färbung der Borke durch den unterschiedlichen Wasserstand ist deutlich zu erkennen.

Mangroven wurzeln und überleben im ufernahen Salzwasser, wo sie durch Gezeitenströmungen, Wellen und Wind mechanisch stark belastet werden. Um sich im wassergesättigten, schlammigen Untergrund ausreichend fest zu verankern, haben Mangroven spezielle Wurzeln entwickelt. Die Rote Mangrove bildet typische gebogene Stelzwurzeln aus, siehe Abbildung 2.17.

Abbildung 2.16: Eine Rhizophora-Art in Florida mit unterschiedlichen Wasserstandfärbungen der Borke

Teilweise verzweigen sich die Wurzeln in mehrere Teilwurzeln. Mit zunehmender Wurzelanbindungshöhe werden die seitlich ausladenden Wurzeln dicker und reichen weiter zur Seite hinaus. Durch diese Umstände ergeben sich in den Wurzelsystemen dieser Mangroven besondere mechanische Verhältnisse.

Abbildung 2.17: Stelzwurzeln der Mangrove

Die Rhizophora Mangle gehört zu den *viviparen* Arten, den lebend gebä-
renden, bei denen die Keimung der Frucht bereits auf der Mutterpflanze
erfolgt. Der Keimling besitzt einen langen, schwertförmigen „Stiel", der sich
beim Herunterfallen in den Boden bohrt und schnell zu wurzeln beginnt,
so dass ein Fortschwemmen durch die Gezeiten möglichst verhindert wird
[5]. Abbildung 2.18 zeigt den Trieb einer roten Mangrove mit Frucht und
zwei Keimlingen, von denen sich einer gelöst hat und am oberen Ende die
Blattknospe freilegt.

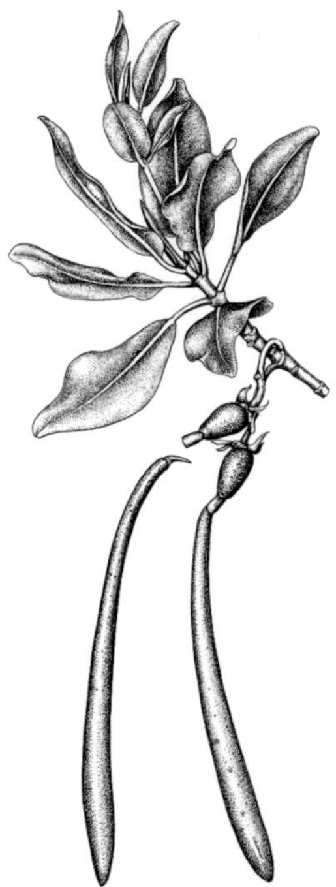

Abbildung 2.18: Trieb einer Roten Mangrove mit Frucht und zwei Keimlingen. Am oberen Ende des losgelösten Keimlings wird die Blattknospe
freigelegt. [32]

2.5.3 Bodenmechanik - Eigenschaften der Erde

Der Boden wird im Folgenden als Lockergestein betrachtet, das durch Verwitterung aus Festgestein entsteht. Das Lockergestein setzt sich zusammen aus Körnern, deren Zwischenräume Poren genannt werden, die wiederum mit Luft oder Wasser gefüllt sind. Diese Bestandteile beeinflussen das Spannungs-Deformations-Verhalten und das Festigkeitsverhalten der Böden. Je nach Größe und Form werden Körner in Ton, Silt, Sand, Kies und Steine unterteilt. Durch eine unterschiedliche Lagerungsdichte der Körner verändern sich das Raumgewicht, der Porenanteil bzw. die Porosität und die Porenanzahl. [15]

Entsprechend der Lockergesteinszusammensetzung teilt sich die äußere Spannung σ in eine effektive Spannung σ' auf das Korngerüst und einen Porenwasserdruck u auf das Wasser [15]:

$$\sigma = \sigma' + u. \tag{2.20}$$

Im Allgemeinen wird die Scherfestigkeit als Festigkeit des Bodens bezeichnet, die aus dem Bruchkriterium von Mohr-Coulomb hervor geht. Die Festigkeitsgrenze τ_f gleicht dabei der Summe der effektiven Kohäsion c' und der Reibung des Bodens. Die Reibung wird aus der effektiven Spannung σ' nach Gleichung 2.20 und dem Reibungswinkel φ' berechnet. Somit ist die Scherfestigkeit direkt von der Belastung der Erde abhängig und nimmt zu, wenn Druck ausgeübt wird. [15]

$$\tau_f = c' + \sigma' \tan \varphi' \tag{2.21}$$

Abbildung 2.19 veranschaulicht diese Größen. Zu beachten ist dabei, dass im Gegensatz zur im Maschinenbau üblichen Konvention in der Bodenmechanik die Druckspannungen positive Werte besitzen. Die eingetragene Attraktion a' ist demnach Zugspannungen zuzuordnen und die Hauptnormalspannung σ_1' entspricht größerem Druck als σ_3'.

Die effektive Kohäsion c' ist definiert als die Scherfestigkeit bei fehlendem Normaldruck $\sigma' = 0$ und entspricht der Haftung entlang der Scherflächen. Der Reibungswinkel φ' hingegen ist ein Maß für die beim Abgleiten zu überwindende Reibung zwischen den Körnern.

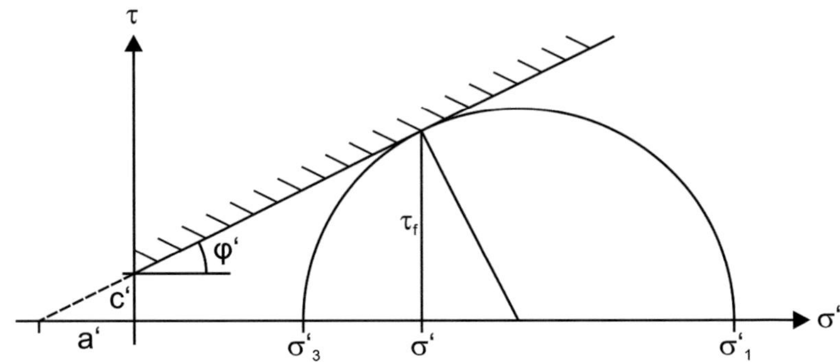

Abbildung 2.19: Mohr'scher Spannungskreis des Bruchzustandes eines Bodens mit Kohäsion nach Lang [15]

In der Bodenmechanik ist der Bruch in den meisten Fällen ein Scherbruch, d.h. die Schubspannung τ im Boden übersteigt die Scherfestigkeit τ_f, deren Scherparameter experimentell für verschiedene Böden bestimmt werden können.

3 Methoden

3.1 Finite Elemente Methode (FEM)

Die Finite Elemente Methode, kurz FEM, zerlegt ein komplexes Berechnungsproblem in viele kleine, einfache Elemente, die sich einzeln mit vertretbarem Rechenaufwand lösen lassen. Dies ermöglicht die Berechnung von Eigenschaften komplexer Bauteile, für die keine analytische Lösung existiert. Die Anwendungsgebiete umfassen die Strukturmechanik, Fluiddynamik, Akustik und vieles mehr. Die FEM-Simulation erweitert als bereichsweise angewandtes numerisches Näherungsverfahren dabei die analytischen Methoden und liefert Ergebnisse, die sonst erst aus Experimenten gewonnen werden. Dadurch wird sie als Simulationswerkzeug oft schon früh in den Entwicklungsprozess eingebunden. Im Folgenden wird lediglich auf den strukturmechanischen Ansatz näher eingegangen. [26]

Die analytische Berechnung von Struktureigenschaften wird mit zunehmender Komplexität der Struktur schwieriger und schließlich unmöglich. Oft scheitert die analytische Berechnung daran, dass keine für die gesamte Struktur gültige Ansatzfunktion gefunden wird. Im Gegensatz zu diesem ganzheitlichen Ansatz wird die Struktur für die FEM-Berechnung in viele kleine Teilgebiete, die sogenannten Elemente, unterteilt. Die Elemente sind über Punkte auf deren Berandung, den sogenannten Knoten, miteinander verbunden. Die Knoten besitzen bis zu sechs Freiheitsgrade: drei Translationen in die drei Koordinatenrichtungen und drei Rotationen um die drei Koordinatenachsen. Näherungsweise verhalten sich alle Elemente zusammen wie der gesamte Körper.

Die gegebenen Material- und Geometriedaten gehen in die Steifigkeitsmatrix $[K]$ ein. Aus den Randbedingungen und den angreifenden Lasten kann der Lastvektor $\{F\}$ bestimmt werden. Minimalenergiebetrachtungen

führen mit dem unbekannten und zu berechnenden Knotenverschiebungs-
vektor $\{u\}$ zu folgendem Gleichungssystem [26]:

$$\{F\} = [K] \cdot \{u\}. \tag{3.1}$$

Aus der Lösung dieses Gleichungssystems ergeben sich die unbekannten
Verschiebungen $\{u\}$, aus denen die Dehnungen und die Spannungen für
jedes Element abgeleitet werden können.

Je nach Anforderung werden bei der Modellerstellung eindimensionale
Linien- und Balkenelemente, zweidimensionale Flächen- und Schalenele-
mente oder dreidimensionale Volumenelemente gewählt. Verschiedene Ele-
menttypen ermöglichen die Berechnung unterschiedlicher Eigenschaften.
Die Genauigkeit kann bis zu einem bestimmten Grad durch eine feinere
Aufteilung der Elemente gesteigert werden. Vor allem in Bereichen hoher
Gradienten liefert eine größere Anzahl an Elementen genauere Ergebnisse.
[26]

Als Beispiel zeigt Abbildung 3.1 eine auf Zug belastete Balkenschulter.
Links wird die Aufteilung der Struktur in Elemente und die Belastung
gezeigt, während rechts der Spannungsplot das Ergebnis der Spannungsanalyse darstellt. Rote Bereiche zeigen hohe Spannungen an, blaue niedrige.

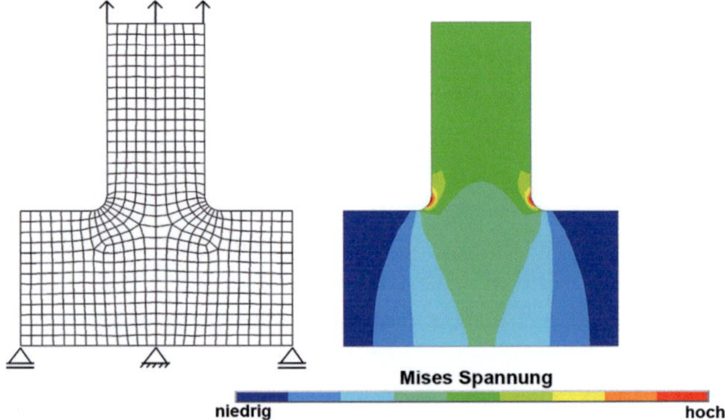

Abbildung 3.1: FEM-Beispiel einer auf Zug belasteten Balkenschulter.
Links: Aufteilung in Elemente, rechts: Spannungsplot [20]

Das Vorgehen bei einer FEM-Analyse wird in die nachfolgenden sechs Schritte eingeteilt: [26]

1. Idealisierung: Erfassen der Randbedingungen und Auswahl der Berechnungstheorie, des Materialgesetzes und des Elementtyps.

2. Vernetzung: Aufteilen der Gesamtgeometrie in Elemente.

3. Aufstellen des Gleichungssystems: Berechnung der Elementsteifigkeitsmatrizen und Einsetzen in die Gesamtsteifigkeitsmatrix.

4. Gleichungsauflösung: Unbekannte Knotenverschiebungen ergeben sich als Lösung des Gleichungssystems.

5. Rückrechnung: Knotenverschiebungen führen zu Dehnungen und Spannungen der Elemente.

6. Kontrolle und Ergebnisauswertung.

Die einzelnen Vorgehensschritte werden von der FEM-Software unterschiedlich stark unterstützt. Während der Anwender die strukturspezifischen Eingaben wie Material, Geometrie und Randbedingungen durchführen muss, übernimmt die Software alle Berechnungsschritte. In der vorliegenden Arbeit kommt die FEM-Software *Ansys* zum Einsatz.

3.2 Homogenisierungsmethode

Die Homogenisierungsmethode ist ein mathematisches Verfahren zur Topologieoptimierung, das auf der Variation des Materialverhaltens einzelner Bereiche des Entwurfsraums beruht. Dazu wird ein maximal möglicher Entwurfsraum festgelegt und in Teilbereiche unterteilt, deren Materialdichte während des Optimierungsprozesses verändert wird. Die zunächst löchrigen Teilbereiche werden letztlich voll ausgefüllt (Vollmaterial) oder geleert (Hohlraum, kein Material). Es entsteht ein Vorschlag für eine Topologie, die in eine reale Struktur umgesetzt werden muss. Im klassischen Fall wird bei gegebenen Gewichtsrestriktionen als Zielfunktion die mittlere Nachgiebigkeit der Struktur minimiert und somit die Steifigkeit maximiert. [3] [31]

Der SIMP-Ansatz (Solid Isotropic Material with Penalization) stellt eine Möglichkeit dar, um von den löchrigen Teilbereichen zu ausgefüllten oder leeren Elementen zu gelangen. In einem iterativen Prozess wird dabei der Steifigkeitstensor $E_{ijkl}(x)$ entsprechend der lokalen Dichte $\rho(x)$ variiert, die über einen „Bestrafungsfaktor" p angepasst wird. [3]

$$E_{ijkl}(x) = \rho(x)^p E_{ijkl}^0 \tag{3.2}$$

Abbildung 3.2 zeigt im linken Teil den gegebenen Entwurfsraum einer belasteten L-Struktur. Die Teilbereiche werden ausgefüllt oder geleert, so dass der im rechten Teil sichtbare Designentwurf entsteht. Die Feinheit der Struktur wird bei der Anwendung der Homogenisierungsmethode durch den Volumenanteil von gefüllten zu leeren Teilbereichen gesteuert. Je nach Volumenanteil werden die Strukturen dicker oder filigraner ausgeprägt. [3]

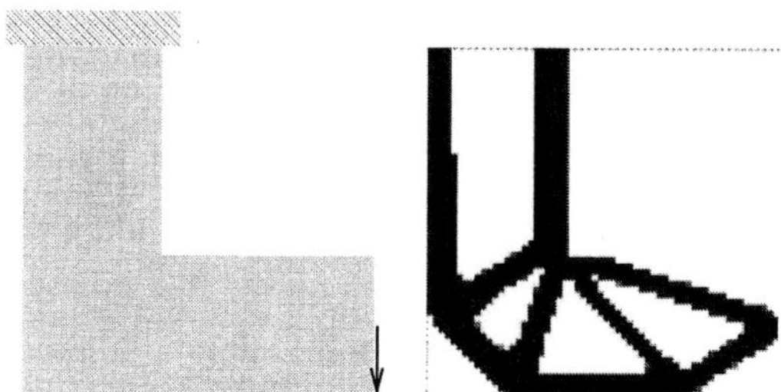

Abbildung 3.2: Belastete L-Struktur. Links: Randbedingungen und gegebener Entwurfsraum, rechts: Designentwurf nach dem SIMP-Ansatz unter Vorgabe des auszufüllenden Volumenanteils $V = 47\%$. [3]

Durch die zu Beginn eingebrachten kleinen Löcher in jedem Element existiert beim Lösen des Optimierungsproblems allerdings das Problem, dass bei gleichem Volumenanteil eine Struktur mit diesen kleinen Löchern generell steifer ist als eine Struktur mit großen Löchern durch mehrere leere Elemente. Um das Fortbestehen dieser kleinen Löcher zu verhindern müssen die möglichen Designs durch eine Filterung eingeschränkt werden.

Das Filtern der Dichten beeinflusst die Steifigkeit eines Elementes in Abhängigkeit der Steifigkeiten der umliegenden Elemente innerhalb eines bestimmten Filterradius. Durch diese Mittelung werden die Feinheiten aus dem Design entfernt.

Beim Filtern der Sensitivitäten wird die Sensitivität jedes Elementes durch den Mittelwert der Sensitivitäten der umgebenden Elemente bestimmt. Der Filterradius legt dabei wiederum den Einflussbereich fest. [10]

In dieser Arbeit werden die meisten Vergleichsrechnungen mit der Homogenisierungsmethode über die Web-Applikation auf der Homepage *www.topopt.dtu.dk* durchgeführt. Dabei kommt die Sensitivitätenfilterung zum Einsatz.

3.3 Soft Kill Option (SKO)

In Kapitel 2.5.1 wurde der Knochen als Beispiel für das lastadaptive Wachstum vorgestellt. Nach einem ähnlichen Prinzip erzeugt die Soft Kill Option, kurz SKO, Designvorschläge für Leichtbaustrukturen. Die SKO-Methode ist ein Topologieoptimierungsverfahren, bei dem der E-Modul nicht indirekt über die Materialdichte, sondern auf Grund von iterativen Spannungsanalysen gesteuert wird. [18]

Den Ablauf einer Optimierung mit der SKO-Methode zeigt Abbildung 3.3. Die Randbedingungen, wie die angreifenden Kräfte und die Lager, sowie ein maximal möglicher Bauraum für die Erstellung der Struktur werden vorgegeben. Mit konstantem E-Modul wird eine erste Spannungsanalyse durchgeführt. Auf Grund der Ergebnisse dieser Spannungsanalyse werden lokal in jedem der Elemente die E-Moduln modifiziert. Diese E-Moduländerung sorgt in der nächsten Spannungsanalyse für einen veränderten Spannungszustand, der wiederum zur Modifikation der E-Moduln dient. Dieses iterative Vorgehen wird so lange fortgesetzt, bis eine klare Trennung der steifen und weichen Bereiche vorliegt.

Die Modifikation des E-Moduls führt über eine inhomogene E-Modul-Verteilung zum Aussteifen hochbelasteter Bereiche und zum Erweichen niedrig belasteter Bereiche. Der neue E-Modul E_{i+1} wird dabei in Abhängigkeit des alten E-Moduls E_i, dem Skalierungsfaktor k, der lokalen Spannung σ_i und der Referenzspannung σ_{ref} berechnet durch [18]:

$$E_{i+1} = E_i + k(\sigma_i - \sigma_{ref}). \tag{3.3}$$

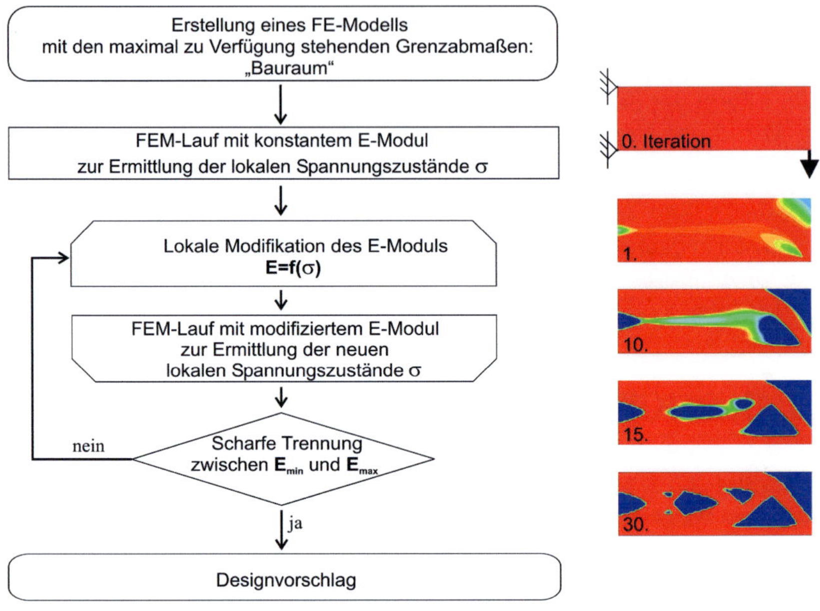

Abbildung 3.3: Links: Ablaufdiagramm einer Optimierung mit der SKO-Methode, rechts: Iterationsstufen einer Kragträgeroptimierung [30]

Der E-Modul nimmt dabei Werte von einem maximalen E-Modul E_{max} bis zu einem minimalen E-Modul E_{min} an, wobei $E_{min} = E_{max}/1000$ gesetzt wird. E_{max} entspricht dabei dem E-Modul des verwendeten Materials. Im Beispiel des Kragträgers in Abbildung 3.3 liegt E_{max} in den roten und E_{min} in den blauen Bereichen vor. Der Skalierungsfaktor k beeinflusst die Konvergenzgeschwindigkeit, indem größere oder kleinere E-Modulsteigerungen zugelassen werden. Die Referenzspannung σ_{ref} wird mit steigender Iterationenanzahl erhöht, bis die Spannung erreicht wird, die nach der Optimierung im Bauteil herrschen soll. Je höher die Referenzspannung liegt, desto filigraner werden die Ergebnisstrukturen. Die Wahl der Referenzspannungserhöhungen und die Anzahl der jeweils bei einer Referenzspannung durchgeführten Iterationen können Einfluss auf das Ergebnis haben. In Einzelfällen entstehen unterschiedliche Strukturen bei gleicher Endreferenzspannung.

Die SKO-Methode wird über APDL-Makros in dem FEM-Programm *Ansys* angewendet und dient in der vorliegenden Arbeit hauptsächlich zur Erzeugung von Vergleichsstrukturen. Dabei wird ein ausreichend großer Bauraum gewählt, so dass sich die Struktur ohne Randeinfluss entwickelt. Hierbei wird in den meisten Fällen mit einer Konvergenzgeschwindigkeit von eins gerechnet und die Referenzspannung sukzessive erhöht.

3.4 Denkwerkzeuge

Die drei Denkwerkzeuge Schubviereck, Zugdreiecke und Kraftkegelmethode nach Mattheck [20] werden im Folgenden erläutert. Sie erweitern Computermethoden durch ein tieferes funktionelles Verständnis für mechanische Gegebenheiten technischer Bauteile.

3.4.1 Schubviereck

Das Denkwerkzeug Schubviereck ist eine Methode zur qualitativen Beurteilung von Kräften im Bauteil. Das Schubviereck resultiert aus der Betrachtung eines nicht rotierenden Elementes. An diesem Element muss bei angreifendem Längsschub ein gleich großer entgegengerichteter Querschub wirken, damit eine Rotation verhindert wird. [20]

Zur Vorstellung des Schubvierecks wird eine drehbar gelagerte Platte wie in Abbildung 3.4 betrachtet. Sie dreht sich, wenn wie links ein Längsschub

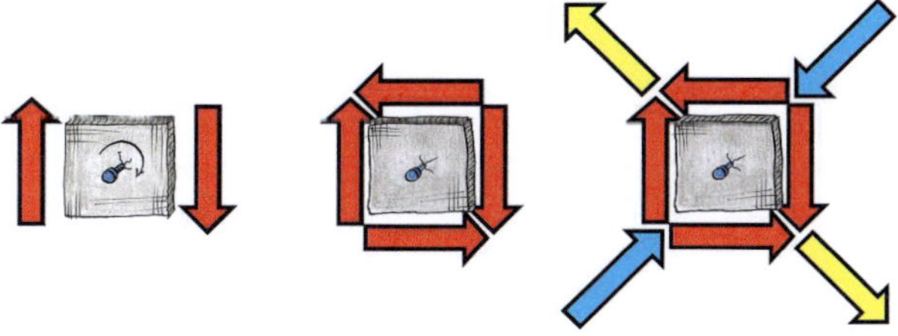

Abbildung 3.4: Herleitung des Schubvierecks an einer drehbar genagelten Platte [20]

angreift. Um die Drehung zu verhindern, muss ein gleichwertiger gegendrehender Querschub existieren (Mitte). Werden diese Schubkräfte zusammengesetzt, können die Kräfte unter 45° dem Zug bzw. dem Druck zugeordnet werden. Dies ist jedoch nicht als Vektoraddition zu verstehen, sondern vielmehr als bildliche Darstellung des symmetrischen Spannungstensors $\sigma_{ij} = \sigma_{ji}$. [20]

Ein Anwendungsbeispiel ist die Vorhersage und die Deutung des Rissverlaufs bei angreifenden Schubkräften. Risse verlaufen in isotropem Material senkrecht zur Zugrichtung. Das Schubviereck ermöglicht die einfache Bestimmung der Zugrichtung aus den Schubkräften und somit die Vorhersage der Richtung des Risswachstums. Abbildung 3.5 zeigt eine geschlitzte Probe, die vertikalen Schub erfährt, wodurch der Riss in eine gedrehte Richtung fortschreitet. Dies ist beispielsweise bei sich setzenden Hauswänden zu finden und entspricht der *Mode II*-Rissbeanspruchungsart in der Bruchmechanik.

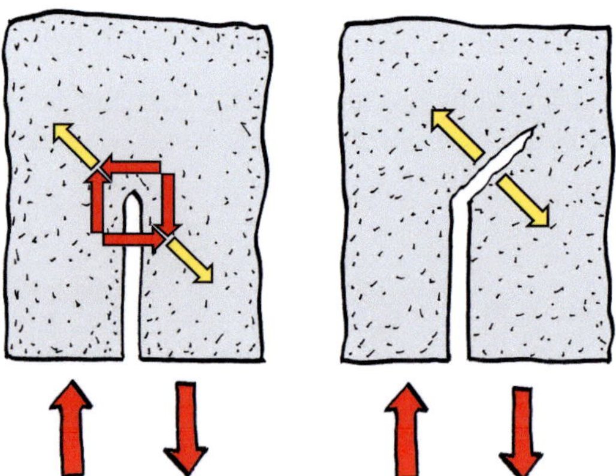

Abbildung 3.5: Die Richtung des Risswachstums in isotropem Material ist durch die Anwendung des Schubvierecks vorhersagbar. [20]

3.4.2 Zugdreiecke

Die Methode der Zugdreiecke stellt ein Denkwerkzeug zur Formoptimierung von Bauteilen dar. Mit diesem rein grafischen Verfahren können Querschnittsübergänge kraftflussgerecht erzeugt werden, so dass Kerbspannungen reduziert und unbelastetes Material entfernt werden und eine Form mit nahezu homogenem Spannungsverlauf an der Oberfläche entsteht. Die Konstruktion erfolgt ohne Computereinsatz, wie in Abbildung 3.6 am Beispiel eines Absatzes gezeigt. Der Absatz weist ohne Optimierung in der Ecke eine Kerbe mit den zugehörigen Kerbspannungsüberhöhungen auf, an denen Risse entstehen können. [20]

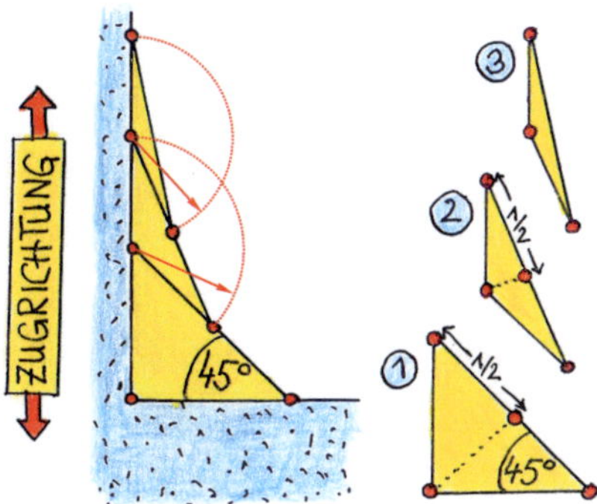

Abbildung 3.6: Konstruktion der Zugdreiecke an einem Absatz [20]

Zur Erzeugung wird ein erstes gleichschenkliges Zugdreieck in die zu überbrückende Ecke gelegt. Ausgehend von der Mitte der freien Seite wird wiederum ein gleichschenkliges Dreieck am oberen Übergang ergänzt und dieses Verfahren ein weiteres Mal wiederholt. Durch das abschließende Ausrunden der entstandenen, weniger scharfen Ecken ergibt sich die Zugdreieckskontur.

Die Form findet sich auch in der Natur wieder. Der Wurzelanlauf eines Baumes, d.h. der Übergang des Stammes in die Erde, stellt einen ähnlichen Lastfall dar, der vom Baum lastgerecht ausgeprägt wird. Dabei sei auf das lastadaptive Wachstum der Bäume und das Axiom konstanter Spannung in Kapitel 2.5.1 verwiesen. In Abbildung 3.7 wird die Ähnlichkeit der Form des Wurzelanlaufs einer Eiche und der Zugdreiecke gezeigt.

Abbildung 3.7: Kontur der Zugdreiecke am Wurzelanlauf einer Eiche in der Lüneburger Heide

Die Methode stellt für bestimmte Lastfälle eine Vereinfachung der Computermethode *CAO (Computer Aided Optimization)* dar. Diese setzt das lastadaptive Wachstum der Bäume in die Technik um, so dass Kerbspannungen an Bauteilen durch eine Formoptimierung reduziert werden. [20]

Für das Beispiel einer Wellenschulter wird das Potential der Methode in Abbildung 3.8 aufgezeigt. Die Ausrundungen weisen den gleichen seitlichen Bauraum auf. Eine im Maschinenbau weit verbreitete Ausrundung zur Überbrückung der 90°-Ecke ist der Viertelkreis, der links dargestellt als Vergleich dient. Im Spannungsplot ist in rot die typische zugehörige Kerbspannungsüberhöhung zu erkennen. Die mit der Kontur der Zugdreiecke geformte Ecke, rechts dargestellt, weist keine derart hohen Spannungen auf. Das Diagramm zeigt den Verlauf der Spannungen entlang der beiden Konturen.

Die Reduzierung der Kerbspannungen hat entscheidenden Einfluss auf die Lebensdauer des Bauteils. Im experimentellen Vergleich mit Wellenschultern aus Stahl und den beiden Querschnittsübergängen erreichten die zugdreiecksoptimierten Proben eine etwa 10-fach höhere Lastwechselzahl als die Proben mit der Viertelkreisausrundung. [20]

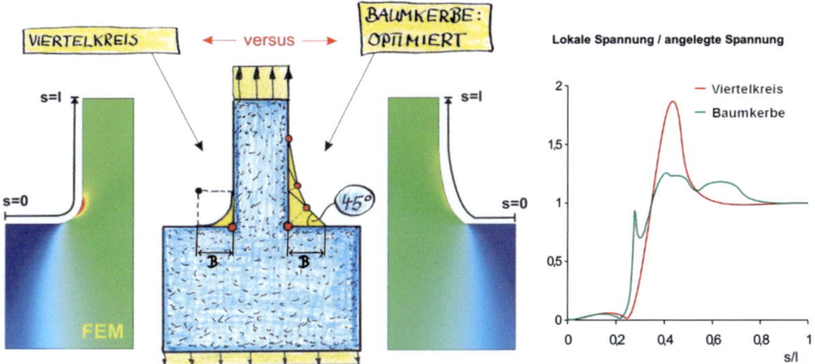

Abbildung 3.8: Finite-Elemente-Vergleich einer Wellenschulter mit Viertelkreis und der Zugdreieckskontur [20]

3.4.3 Kraftkegelmethode

Die Kraftkegelmethode stellt ein Denkwerkzeug zur computerfreien Gestaltfindung dar und ermöglicht ein tieferes Verständnis von Leichtbaustrukturen. Sie ist eine Ergänzung zur bereits vorgestellten SKO-Methode, die zum Vergleich der Ergebnisse gegenübergestellt wird. Die Grundidee dabei ist, dass in den Bereichen hinter dem Kraftangriffspunkt Zug und davor Druck dominierend sind. In den folgenden Abbildungen wird dem Zug die gelbe und dem Druck die blaue Farbe zugeordnet. [20]

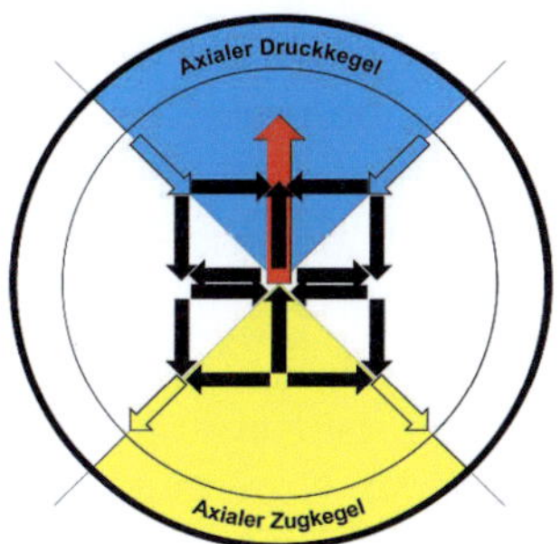

Abbildung 3.9: Zug- und Druckkegel der Kraftkegelmethode [20]

Dabei wird von einer Einzelkraft ausgegangen, die in einer unendlich großen elastischen Platte wirkt. Werden die Radialspannungen analytisch berechnet [13] und wie in Abbildung 3.10 dargestellt, tritt eine Verteilung mit den Maxima von Zug und Druck jeweils in Kraftrichtung und einem Nulldurchgang senkrecht dazu auf. Die Pfeile zeigen Größe und Richtung der Spannungen an.

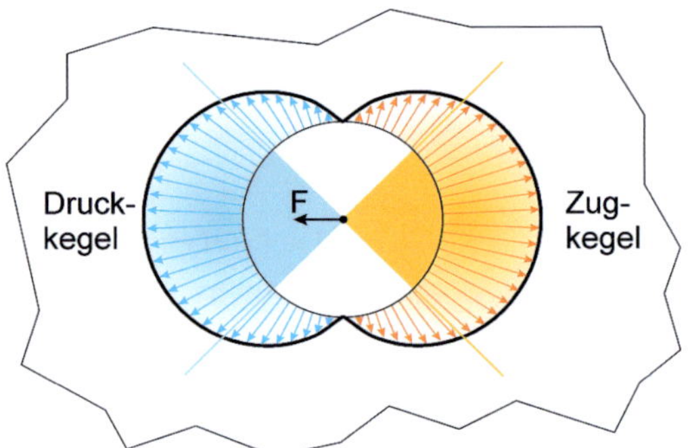

Abbildung 3.10: Radialspannungsverteilung um eine Einzelkraft in einer unendlich großen elastischen Platte mit überlagerter Kraftkegelannahme [20]

Für die Hauptbereiche nach der Kraftkegelmethode wird die Annahme von 90°-Kegeln getroffen. Im Dreidimensionalen kennzeichnen sie den Bereich, der die meisten Spannungen beinhaltet. Im zweidimensionalen Schnitt sind dies gleichschenklige Dreiecke mit einem Winkel von 90°, im Folgenden werden diese aber auch im Zweidimensionalen als Kegel bezeichnet. Überlagert man diese Kegelannahme der Radialspannungsverteilung wie in Abbildung 3.10, so schließen die 90°-Kegel knapp 80% der auftretenden Radialspannungen ein. Mit dieser Annahme werden schon vor der Gestaltfindung minderbelastete Bereiche ausgespart. [20]

Durch die Festlegung des 90°-Winkels schneiden sich die Kraftkegel bei paralleler Ausrichtung so, dass die Kegelränder senkrecht zueinander stehen. Wenn Streben entlang der Kegelränder platziert werden und die sich schneidenden Kegel unterschiedlich sind, d.h. ein Zugkegel und ein Druckkegel, dann kreuzen sich Zug- und Druckstreben in einem Winkel von 90°. Dies ist vergleichbar mit den Hauptspannungsverläufen, bei denen sich ebenfalls Zug und Druck rechtwinklig kreuzen. Der 90°-Winkel sorgt außerdem dafür, dass die Streben entlang der Kegelränder in einem Winkel von 45° zur Kraftrichtung orientiert sind, was der Richtung der Hauptschubspannungen gleicht.

Auch bei der Berechnung einer Einzelkraft in einer großen am Rand eingespannten Platte mit der SKO-Methode zeigt sich, dass die Elemente seitlich der Kraft sehr schnell als nicht tragende Bereiche entfernt werden. Der linke Teil von Abbildung 3.11 stellt ein Zwischenergebnis der SKO-Methode für den Ausschnitt in der Nähe der Krafteinleitung dar. Die Computermethode *CAIO (Computer Aided Internal Optimization)* ermittelt Hauptspannungsverläufe in Bauteilen. Für eine Einzelkraft werden im rechten Teil ausgewählte mit CAIO ermittelte Verläufe der Hauptzugspannungen in rot und Hauptdruckspannungen in blau gezeigt. Die Zug- und Drucklinien schneiden sich rechtwinklig und die Linien nahe der Krafteinleitung verlaufen nicht durch die von der Kraftkegelmethode ausgesparten Bereiche. [20]

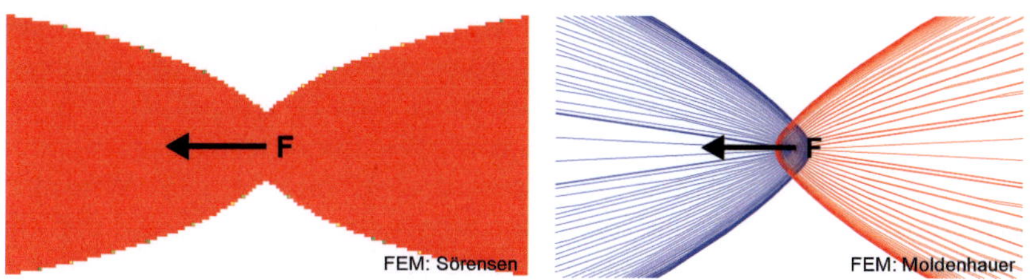

Abbildung 3.11: Einzelkraft in einer unendlich großen elastischen Platte. Links: SKO-Lösung, rechts: CAIO-Lösung [20]

Die Kraftkegelmethode bevorzugt bei der Erzeugung symmetrische Strukturen mit Streben entlang der Kraftkegelränder. Das Vorgehen dazu ist in Abbildung 3.12 erläutert. Zunächst werden rein qualitativ die Last- und Lagerbedingungen identifiziert (A). Die Kraftkegel werden anschließend der Einzellast (B) und den Lagerkräften (C) zugeordnet. Die unterschiedlichen Kegelränder schneiden sich rechtwinklig. Diese Schnittpunkte (D) werden Primärpunkte genannt und dienen als Verbindungsknoten von Streben. Die jeweils oberen und unteren Primärpunkte werden noch verbunden (E), so dass die fertige Leichtbaustruktur entsteht (F).

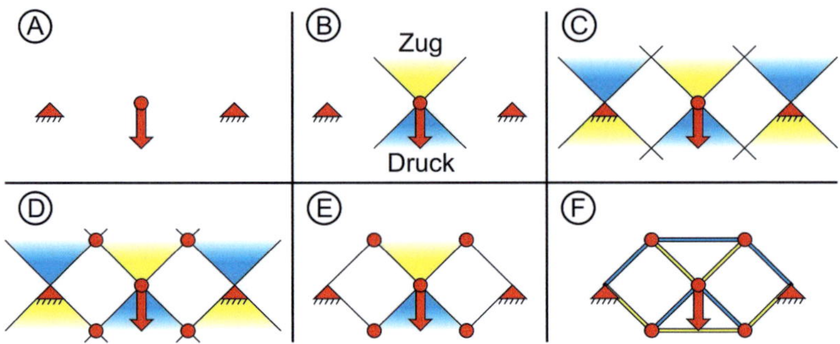

Abbildung 3.12: Vorgehensweise zur Strukturfindung mit der Kraftkegel-methode. A) Last- und Lagerbedingungen, B) Kraftkegel der Kraft, C) Kraftkegel der Lagerkräfte, D) Primärpunkte als rechtwinkliger Schnitt unterschiedlicher Kraftkegel, E) zu ergänzende Verbindung zwischen Primärpunkten, F) fertige Leichtbaustruktur [20]

In einem weiteren Beispiel stellt ein Torsionsanker einen fest eingespannten Kreis als Lagerung dar. Alle Punkte des Kreises wirken somit wie Festlager. Für diese Lagerungsart existiert eine Kraftkegelstruktur, die entsprechend Abbildung 3.13 erzeugt wird. Wie in der Mitte der Abbildung dargestellt treffen dabei Zug- und Druckstreben immer im 45°-Winkel zur Tangenten auf den äußeren Kreis, den sogenannten Ankerkreis, der auch zur geometrischen Beschreibung dient. Der innere Kreis dient lediglich als Konstruktionskreis, da alle Tangenten daran den äußeren Kreis genau im Winkel der Zug- und Druckstreben verlassen. Die beiden Radien stehen im Verhältnis von $R = \sqrt{2}R_K$ zueinander.

Bei Belastung durch eine Querkraft werden an der Kraft die Kraftkegel wie in Teil A eingezeichnet. Die Kegelränder dienen als Richtung der dort anknüpfenden Streben. Orthogonal dazu werden innere Streben platziert, die im beschriebenen 45°-Winkel zur Tangenten auf den Ankerkreis treffen. Diese lenken die äußere Strebe sukzessive um, so dass eine Struktur wie in Teil B als Kraftkegelkonstruktion entsteht. Der Winkel zwischen den inneren Streben wird dabei frei gewählt. Teil C zeigt die mit blauen Druckstreben und gelben Zugseilen gedeutete Struktur und in Teil D ist die Lösung der SKO-Methode abgebildet. [20]

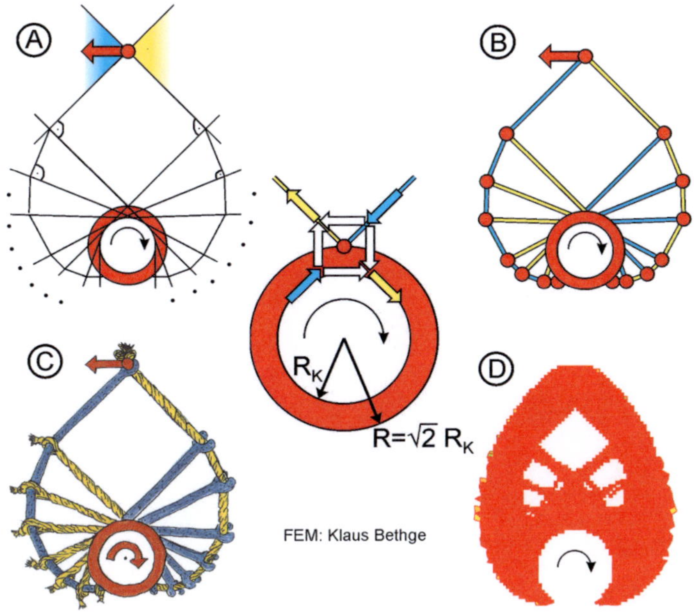

Abbildung 3.13: Standardkonstruktion der Kraftkegelmethode für einen Torsionsanker. Mitte: Anbindung der inneren Streben, A) Kraftkegel an der Querkraft, B) Kraftkegelstruktur, C) mit blauen Druckstreben und gelben Zugseilen gedeutete Struktur, D) Lösung der SKO-Methode [20]

4 Theoretische Untersuchungen

Die ersten Ansätze zur Kraftkegelmethode wurden bereits in Kapitel 3.4.3 erläutert. Im Folgenden werden diese grundlegenden Ansätze tiefergehend untersucht und die Möglichkeiten und Grenzen der Methode erkundet und erweitert.

Das Kapitel umfasst theoretische Untersuchungen zur Kraftkegelmethode. Die Aufteilung erfolgt nach den Randbedingungen, wobei teilweise in Parameterstudien die Veränderungen durch die Variation einzelner Parameter zusammengefasst werden. Dabei unterscheiden sich die Anordnung der Kräfte bzw. Lager, die Lagerungsart und die Krafteinleitung. Zu den jeweils betrachteten Randbedingungen werden mit der Kraftkegelmethode Strukturen erzeugt und mit Ergebnissen anderer Strukturoptimierungsmethoden verglichen.

Vorbemerkungen

Die Kraftkegelmethode erzeugt Strukturvorschläge bestehend aus Zug- und Druckstreben. Die Anordnung der Streben wird dabei rein grafisch gefunden. Die Streben an einem Kraftangriffspunkt liegen gemäß der Annahme aus Kapitel 3.4.3 immer innerhalb des 90°-Kraftkegels, d.h. in einem Winkel von maximal 45° zur Kraftrichtung.

Die Anordnung der Kraftkegel an den Lagern erfolgt in der Regel parallel oder bei dominierender Biegung senkrecht zur Kraftrichtung. Dies hat zur Folge, dass sich die Kegelränder im Zweidimensionalen im rechten Winkel schneiden. Der rechtwinklige Schnittpunkt von Zug- mit Druckkegelrändern wird als Primärpunkt genutzt, einem Hilfspunkt zur Konstruktion der endgültigen Struktur. Werden die Streben entlang der Kegelränder platziert, schneiden sich in dem Primärpunkt die beiden unterschiedlichen

Streben, zug- und druckbelastet, rechtwinklig. Mit Hinblick auf die Orthogonalität der Hauptnormalspannungen wird durch diese Anordnung eine dem Hauptnormalspannungsverlauf angelehnte Struktur erzeugt.

Kraftkegelstrukturen sind als qualitative Ergebnisse zu verstehen. Auf den ersten Blick können Ähnlichkeiten zu konventionellen Fachwerken ausgemacht werden, jedoch stellen Kraftkegelstrukturen Designvorschläge dar, bei denen die Streben nicht als Fachwerksstäbe zu deuten sind und die Primärpunkte keine rotatorischen Freiheitsgrade besitzen. Für die weitere Entwicklung müssen konkrete Belastungen zugrunde gelegt, die Strukturbestandteile wie das Material und die Querschnitte bestimmt werden und letztlich ein Festigkeitsnachweis erfolgen. Versagen durch Knicken der Druckstreben muss in Betracht gezogen und die Verbindungspunkte der Streben konstruiert werden.

In manchen Fällen entstehen durch die Existenz mehrerer Primärpunkte doppelte Strukturteile. Bei statischer Überbestimmtheit des Systems ist es sinnvoll, nur die lastnäheren Strukturteile auszuwählen und die lastfernen nicht auszubilden. Die lastnäheren Strukturteile benötigen weniger Material und sorgen für eine direktere Kraftleitung gemäß den Gestaltungsprinzipien aus Kapitel 2.3.2.

4.1 Grundlegende Studie zu direkten Streben

Die Kraftkegelmethode bringt Strukturen mit direkten Streben hervor, wenn zwei gleiche gegenüberliegende Kraftkegel zueinander geöffnet sind. Dazwischen existieren keine Primärpunkte und somit keine Umlenkungspunkte für die Streben.

Für eine horizontal wirkende Kraft zwischen zwei horizontal angeordneten Festlagern ergibt sich somit ein Bereich, in dem die Kraftkegelmethode Strukturen mit direkten Streben erzeugt. Dieser Bereich ist in Abbildung 4.1 grau hinterlegt. Er geht mittig maximal bis zu einer Höhe H des Kraftangriffspunktes mit $H/L \leq 1/2$ bei gegebenem Lagerabstand L. Dieser Bereich existiert unterhalb der Lager spiegelsymmetrisch zur Verbindungslinie der Lager, jedoch werden diese Symmetrien im Folgenden nicht weiter betrachtet.

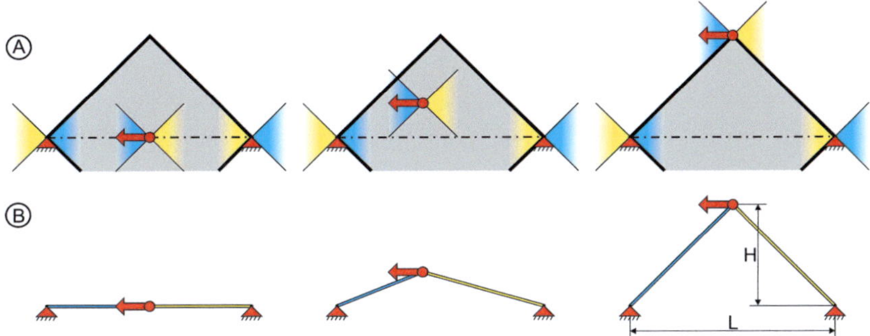

Abbildung 4.1: Horizontale Kraft zwischen zwei Lagern mit grau hinterlegtem Bereich für direkte Streben. A) Kraftkegel an Kraft und Lager, B) Resultierende Kraftkegelstrukturen

Befindet sich die Kraft auf der Verbindungslinie zwischen den Lagern wie im linken Teil der Abbildung 4.1, muss kein Moment von der Struktur abgefangen werden. Dann bietet es sich an, nur eine Zugstrebe zwischen einem Lager und der Kraft zu verwenden.

Bei vertikaler Kraftrichtung ändert sich die Situation. Direkte Streben werden erst ab einer Höhe H des Kraftangriffspunktes mit $H/L \geq 1/2$ erzeugt. In Abbildung 4.2 ist der Grenzfall auf der linken Seite dargestellt.

Direkte Streben außerhalb dieser Bereiche weisen höhere innere Stabkräfte auf. Sie lassen sich bei gelenkiger Verbindung durch einen Knotenrundschnitt analytisch berechnen. Den Verlauf der Kurven für die horizontale und vertikale mittige Kraft zeigt Abbildung 4.3.

Die Kraftkegelmethode erzeugt direkte Streben in dem schraffiert gekennzeichneten Bereich, der von der gestrichelten Linie durch den Schnittpunkt der beiden Kurven bei $H/L = 1/2$ begrenzt wird. Diese Linie zeigt, dass die Stabkräfte in den Kraftkegelstrukturen mit direkten Streben 71% der angreifenden Kraft nicht übersteigen. In den von der Kraftkegelmethode für direkte Streben ausgeschlossenen Bereichen oberhalb des Schnittpunktes der beiden Kurven nehmen die Stabkräfte deutlich zu. Bei vertikaler Kraft steigt die Stabkraft innerhalb der Streben für eine sinkende Höhe extrem an.

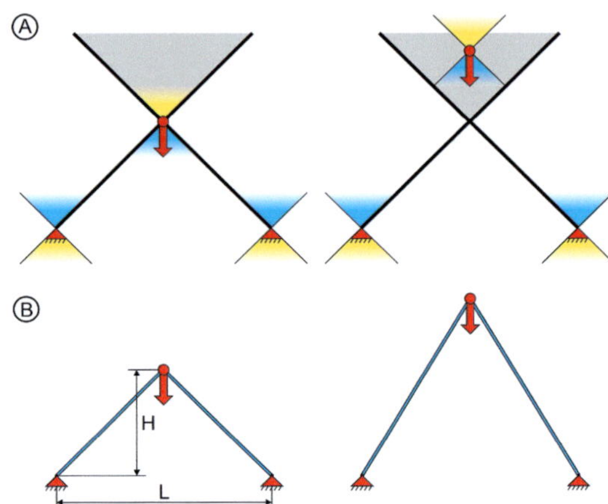

Abbildung 4.2: Vertikale Kraft zwischen zwei Lagern mit grau hinterlegtem Bereich für direkte Streben. A) Kraftkegel an Kraft und Lager, B) Resultierende Kraftkegelstrukturen

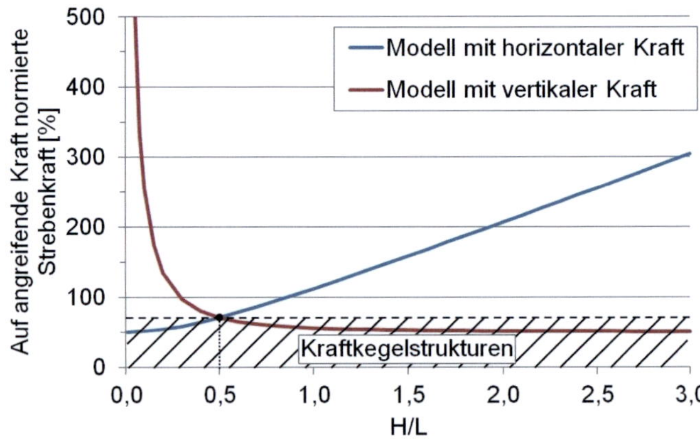

Abbildung 4.3: Verlauf der Stabkräfte in direkten, gelenkig verbundenen Streben bei unterschiedlich hohem Kraftangriffspunkt. Kraftkegelstrukturen werden nur im schraffierten Bereich mit direkten Streben ausgebildet.

4.2 Höhenvariationen des symmetrischen Kraftangriffs

Mit der Variation der Höhe des symmetrischen Kraftangriffs in der Mitte zwischen zwei Lagern werden die bereits angesprochenen Bereiche verlassen, in denen die Kraftkegelmethode Strukturen mit direkten Streben erzeugt. Außerhalb dieser Bereiche entstehen Hilfsstrukturen, die in den nachfolgenden Abschnitten näher erklärt werden. [24]

4.2.1 Horizontale Kraft

Als Modell dient zunächst die horizontale Anordnung zweier Lager mit mittig angreifender Kraft und horizontaler Kraftrichtung. Der Kraftangriffspunkt wird dabei in seiner Höhe variiert. Oberhalb einer Kraftangriffspunkthöhe von $H/L = 1/2$ entstehen Strukturen mit einer Hilfskonstruktion, da die Kraftkegel der Kraft und der Lager nicht mehr zueinander geöffnet sind. Auf Grund der dominierenden Biegung durch die hoch angreifende horizontale Kraft sind die Kraftkegel der Lager vertikal angeordnet.

Abbildung 4.4 zeigt das Vorgehen bei einem Lagerabstand L und der Höhe $H = L$ des Kraftangriffspunktes. Die Kraftkegel zur Kraft und zu den Lagern sind in Teil A dargestellt. Die Schnittpunkte der unterschiedlichen Kegel sind Primärpunkte (B) und dienen zur weiteren Konstruktion, so dass die Kraftkegelstruktur in Teil C entsteht.

Die Struktur besitzt in diesem Fall einen Primärpunkt in der Mitte, in dem sich der Zugkegelrand des rechten Lagers und der Druckkegelrand des linken Lagers schneiden. In diesem Punkt findet allerdings keine Umlenkung der Streben statt, so dass dadurch keine zusätzlichen Krafteinträge in die Streben erfolgen. Die Rechtfertigung dieser Verbindung liegt vielmehr in der Reduzierung der Knicklänge der Druckstrebe. Durch den Zwischenpunkt teilt diese sich in zwei Streben auf, die jede für sich gegen Knicken ausgelegt werden müssen, allerdings mit kürzerer Länge, was eine größere Knickkraft bei gleichem Materialeinsatz bedeutet. Bei eingefügter Verbindung muss jedoch berücksichtigt werden, dass die Spannungen an dem Punkt durch die Kerbwirkung in den Streben ansteigen.

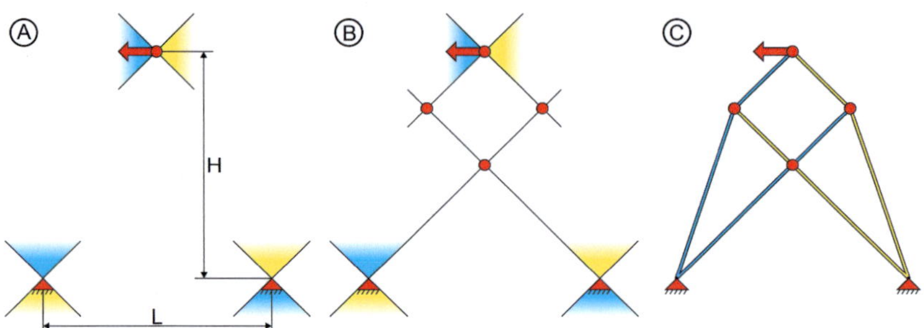

Abbildung 4.4: Zwei Lager mit mittiger horizontaler Kraft bei $H/L = 1$.
A) Geometrie und Kraftkegel, B) Kraftkegelschnitte mit Primärpunkten,
C) Resultierende Kraftkegelstruktur

Zur Bestätigung der Kraftkegelstrukturen werden für diese geometrischen
Anordnungen Strukturen mit der SKO-Methode berechnet. Abbildung 4.5
zeigt die Strukturen im Vergleich. Der Winkel α zwischen der Kraftrichtung
und der direkten Verbindung der Kraft zum Lager nimmt mit der Erhöhung
des Kraftangriffspunktes zu, jedoch wird der maximale Winkel $\alpha_{max} = 45°$
für die Kraftkegelstreben bei der Konstruktion nicht überschritten, was
die Strukturen der SKO-Methode bestätigen. [23]

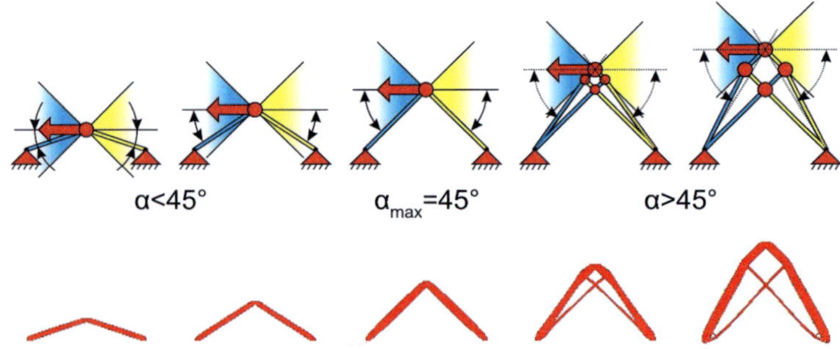

Abbildung 4.5: Erhöhung des Kraftangriffspunktes einer mittig angreifenden horizontalen Kraft. Oben: Kraftkegelstrukturen, unten: SKO-Lösungen
[24]

4.2.2 Vertikale Kraft

Die Anordnung einer vertikalen Kraft, mittig platziert zwischen zwei horizontal angeordneten Lagern, ergibt bei der Absenkung des Kraftangriffspunktes ebenfalls einen Übergang. Die Konstruktion wird beispielhaft für ein Verhältnis von $H/L = 1/6$ in Abbildung 4.6 gezeigt.

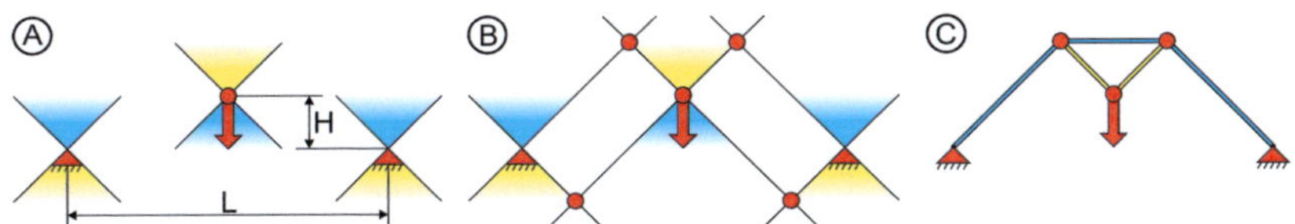

Abbildung 4.6: Zwei Lager mit mittiger vertikaler Kraft bei $H/L = 1/6$. A) Geometrie und Kraftkegel, B) Kraftkegelschnitte mit Primärpunkten, C) Resultierende Kraftkegelstruktur

Zeichnet man die Kraftkegel für die Kraft und die Lagerkräfte ein (A), erhält man die in Teil B gezeigten Primärpunkte. Auf Grund der Doppelung der Struktur und des damit verbundenen zusätzlichen Materialaufwandes werden, wie eingangs des Kapitels erwähnt, die unteren beiden Primärpunkte zur weiteren Strukturerzeugung nicht berücksichtigt. Durch das Verbinden der Primärpunkte entsteht in Teil C die Kraftkegelstruktur mit einer Hilfskonstruktion. Sie ähnelt einer drucktragenden Brücke, in der die Kraft an einer Seilschlinge hängt, dem sogenannten „Galgen". [23]

Die Übersicht zur Höhenvariation der vertikalen Kraft ist in Abbildung 4.7 gezeigt. Dabei stehen den Kraftkegelstrukturen in der oberen Zeile die Lösungen der SKO-Methode in der unteren gegenüber. Die Hilfskonstruktionen werden für Winkel $\alpha > 45°$ bei beiden Methoden gefunden.

Die weitere Absenkung des Kraftangriffspunktes bis zur Verbindungslinie der Lager bewirkt eine doppelt achsensymmetrische Anordnung. Es entsteht eine Struktur, die im Folgenden als „Diamant" bezeichnet wird. Es besteht die Möglichkeit nur eine Seite der Struktur auszubilden, so dass entweder wie beim Modell Galgen nur der drucktragende Bogen mit einer Seilschlinge oder eine äußere Seilschlinge mit zwei Stützstreben entsteht.

An diesem Beispiel wird deutlich, wie die entstehenden Kraftkegelstrukturen durch eine Anpassung der Gestalt weiteres Optimierungspotential

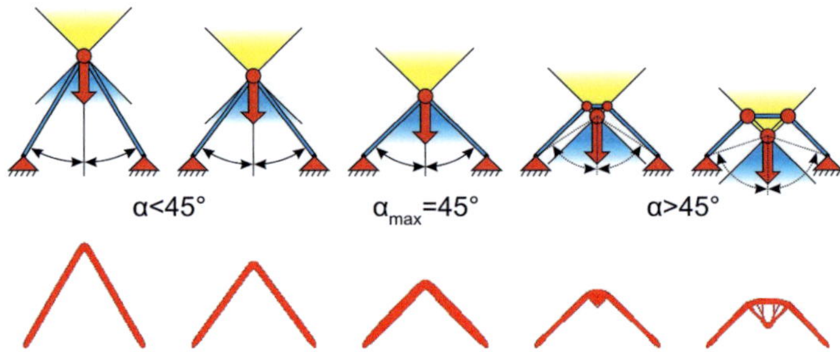

Abbildung 4.7: Absenken des Angriffspunktes einer mittig angreifenden vertikalen Kraft. Oben: Kraftkegelstrukturen, unten: SKO-Lösungen [24]

aufweisen. Eine stückweise Umlenkung der beiden oberen Druckstreben ermöglicht einen runder umgelenkten Kraftfluss, entsprechend der Michell-Strukturen (vgl. Abbildung 2.12) und der Hauptnormalspannungsverläufe im näherungsweise 90°-Winkel. In Abbildung 4.8 sind neben den Kraftkegelstrukturen auch die mit der SKO-Methode gefundenen Strukturvorschläge gezeigt. Je nach Referenzspannung und deren schrittweisen Steigerung während der Berechnung kommen die unterschiedlich fein gegliederten Ergebnisse zustande.

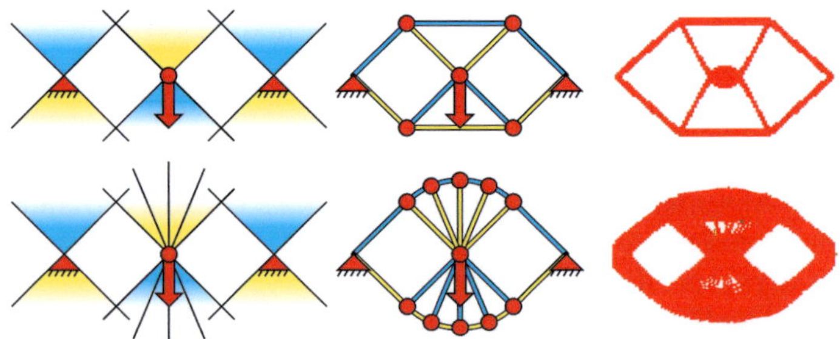

Abbildung 4.8: Doppelt symmetrische Anordnung einer vertikalen Kraft zwischen zwei Lagern. Oben: direkte Verbindung der Primärpunktpaare, unten: stückweise Umlenkung [20]

4.2.3 Fest-Los-Lagerung

Der zusätzliche Freiheitsgrad einer Fest-Los-Lagerung wird durch eine äquivalent wirkende Kraft berücksichtigt. Dabei interagieren mehrere Kräfte und somit auch mehrere Kraftkegel.

Für das Loslager wird dazu eine zusätzlich angreifende Kraft in Richtung des Freiheitsgrades eingeführt. Diese Kraft bewirkt eine horizontale Reaktionskraftkomponente im Festlager, so dass Kraftkegel zu dem System ergänzt werden müssen. Liegt der Kraftangriffspunkt höher als $H/L = 1/2$, erzeugt die Kraftkegelmethode direkte Streben, einerseits von der Kraft zu den Lagern und andererseits zwischen den Lagern, um dem Freiheitsgrad durch das Loslager entgegen zu wirken (vgl. Abbildung 4.9).

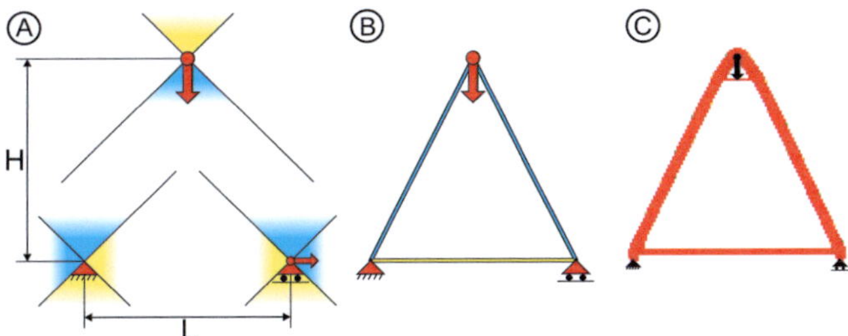

Abbildung 4.9: Vertikale Kraft mittig zwischen einem Fest- und einem Loslager mit $H = L$. A) Geometrie und Kraftkegel, B) Kraftkegelstruktur, C) SKO-Lösung

Bei niedrigerem Kraftangriffspunkt erhält man den bereits behandelten Galgen (vgl. Abbildung 4.6). Durch die Wahl des Loslagers ist es im Gegensatz zum Galgen nicht mehr möglich, die beiden unteren Primärpunkte zur Strukturerzeugung wegzulassen. Der entstehende untere Zugbogen sorgt für die horizontale Verbindung der beiden Lager und ist über Druckstreben mit der Kraft verbunden (vgl. Abbildung 4.10).

Nachfolgend wird die Kraftkegelmethode zum mechanischen Verständnis von Strukturen genutzt. Mit der SKO-Methode werden für die Fest-Los-Lagerung Strukturen zu verschiedenen Kraftangriffspunkthöhen berechnet. Auf Grund des in Kapitel 3.3 angesprochenen veränderbaren Parameters der Referenzspannungsschrittweite entstehen dadurch teilweise leicht

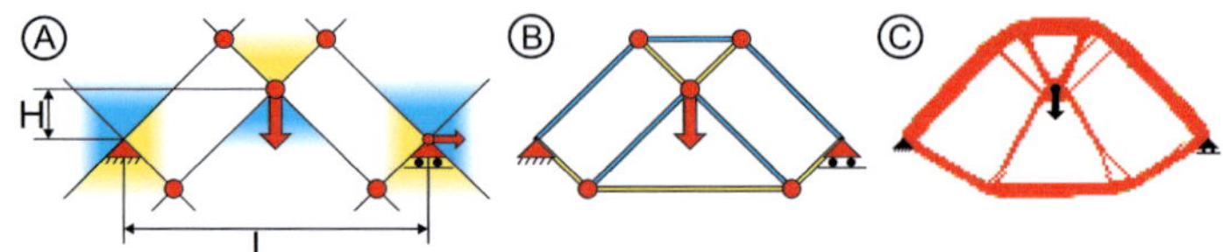

Abbildung 4.10: Vertikale Kraft mittig zwischen einem Fest- und einem Loslager mit $H = L/6$. A) Geometrie, Kraftkegel und Primärpunkte, B) Kraftkegelstruktur, C) SKO-Lösung

abweichende Strukturen. Als Beispiel werden in Abbildung 4.11 verschiedene SKO-Lösungen mit nebenstehender Kraftkegelerläuterung für eine Kraftangriffspunkthöhe von $H/L = 2/3$ gezeigt.

Beim oberen Modell stehen durch den Knick in den äußeren Druckstreben die unteren kurzen Druckstreben vertikal auf den Lagern. Somit werden in die Lager lediglich vertikale Kräfte eingeleitet. Die gesamten Horizontalkräfte werden von der eingebrachten Zugstrebe übernommen. Zu Bedenken

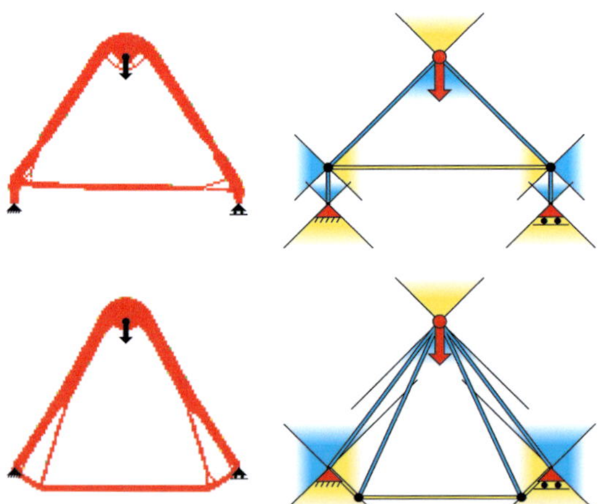

Abbildung 4.11: Verständnis durch die Kraftkegelmethode. Vertikale Kraft mittig zwischen einem Fest- und einem Loslager mit $H/L = 2/3$. Links: SKO-Lösungen, rechts: Kraftkegelerklärung

gilt, dass dies einen idealisierten Fall darstellt und keine Störkräfte existieren. Sobald eine unsymmetrische Horizontalkraft angreift, versagt das instabil stehende System.

Die untere Struktur zeigt eine alternative Lösung zu den gleichen Randbedingungen. Die durchgehende untere Zugstrebe wird durch die äußeren Druckstreben gespannt. Die Umlenkung der Zugstrebe nach unten wird durch die beiden inneren Druckstreben ermöglicht, die durch das Geradeziehen der Zugstrebe nach oben gedrückt werden. Dieses Gleichgewicht ist vor allem auch bei der anzuschließenden Dimensionierung zu beachten.

4.3 Unsymmetrische Strukturen

Symmetrische Strukturen sind bei der Konstruktion zu bevorzugen (vgl. Kapitel 2.3.2), unsymmetrische Strukturen lassen sich jedoch nicht immer vermeiden. Oft ist es möglich, einen Teil der Struktur symmetrisch aufzubauen. Strukturoptimierungsmethoden wie die SKO-Methode und die Homogenisierungsmethode erzeugen Strukturen für jede Anordnung von Lagern und Lasten. Es erfolgt keine Prüfung, ob die Randbedingungen sinnvoll sind oder besser verändert werden sollten. Anhand ausgewählter Beispiele werden Strukturen betrachtet, bei denen die Kraftkegelmethode teilweise an ihre Grenzen stößt.

4.3.1 Stützstelle in kraftparalleler Richtung

Ein Element zur Erzeugung teilsymmetrischer Strukturen stellt die Stützstelle als Verschiebung in kraftparalleler Richtung dar. Die Stützstelle liegt dabei in Richtung der zu ersetzenden Kraft oder auf der Parallele zur Kraftrichtung durch das zu ersetzende Lager. Die Kraft bzw. das Lager werden durch eine Strebe mit der Stützstelle verbunden. Für die weitere Strukturerzeugung wird die Stützstelle als neuer Kraftangriffs- oder Lagerpunkt angenommen. Abbildung 4.12 zeigt jeweils ein Beispiel für das Element der Stützstelle als Kraftersatz und als Lagerersatz.

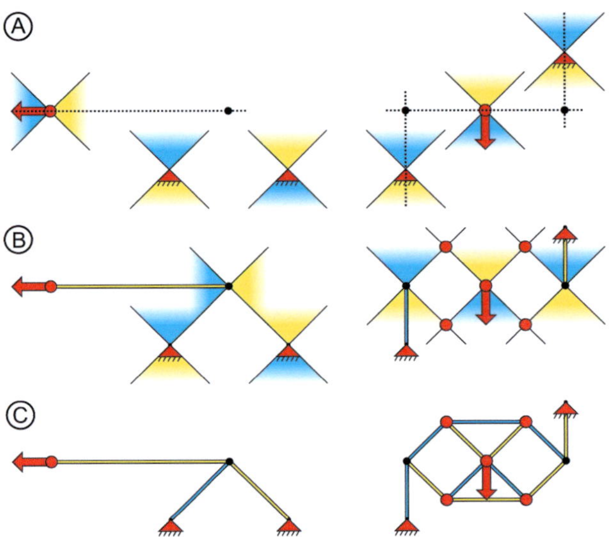

Abbildung 4.12: Kraftkegelkonstruktionen mit dem Element der Stütz-stellen in kraftparalleler Richtung. Links: als Kraftersatz, rechts: als Lagerersatz. A) Randbedingungen, Kraftkegel und Stützstellen, B) Verbindungsstreben zu den Stützstellen, C) Kraftkegelstrukturen

In Teil A werden die Randbedingungen, die Kraftkegel und die Stützstellen gezeigt. Die Verbindungsstreben zu den Stützstellen, sowie die dort wirkenden Kraftkegel werden in Teil B hinzugefügt. Anschließend werden die Primärpunkte ergänzt, so dass die Kraftkegelstrukturen entstehen (C). Durch diese Stützstellen werden teilweise erst sinnvolle Kraftkegelstrukturen möglich. Andere Lösungen weisen oft zusätzliche Querkräfte und Biegemomente in den Streben auf.

4.3.2 Rotation der Kraftrichtung

Durch eine Rotation der Kraftrichtung werden unsymmetrische Randbedingungen erzeugt. Als Beispiel greift eine Kraft mittig zwischen zwei Festlagern an, wobei die Kraftrichtung innerhalb von 90° schrittweise gedreht wird. Bei dem Winkel $\alpha = 0°$ weist die Richtung zu den Lagern, bei $\alpha = 90°$ steht sie senkrecht zur Verbindungslinie der Lager. Die Kraftkegelstrukturen zu den beiden Anordnungen sind bereits eingeführt. Einerseits entstehen direkte Streben zu den Lagern, andererseits entsteht das Modell des Diamanten.

Für die Modelle der Kraftkegelmethode gibt Abbildung 4.13 in Teil A die Randbedingungen wieder. Die Kraftrichtung bleibt vertikal, während die Verbindungslinie der Lager um den Kraftangriffspunkt gedreht wird. Die Konstruktion erfolgt entsprechend dem rechten Teil der Abbildung 4.12. Stützstellen als Lagerersatz in kraftparalleler Richtung verändern die Randbedingungen so, dass in der Mitte die bekannte Struktur des Diamanten entsteht (B).

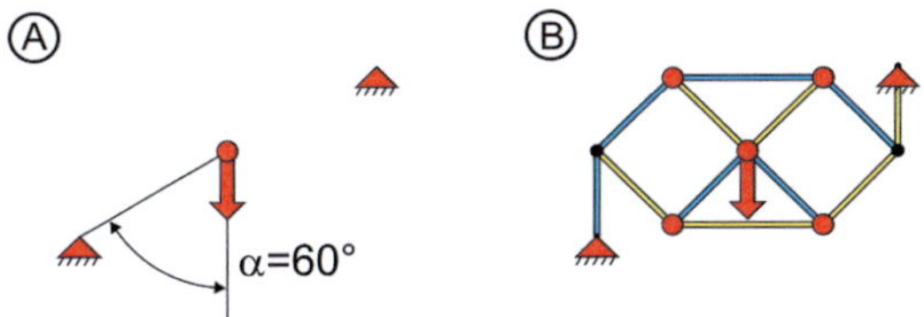

Abbildung 4.13: Rotation der Kraftrichtung. A) Gedrehte Lager um die vertikale Kraft, B) Kraftkegelstruktur

Die Studie mit einer Winkelschrittweite $\Delta\alpha = 15°$ ist in Abbildung 4.14 aufgezeigt. Dabei werden die Ergebnisse der Kraftkegel-, der SKO- und der Homogenisierungsmethode vergleichend dargestellt. Während die Strukturen der Kraftkegelmethode symmetrisch angeordnet sind, orientieren sich die Strukturen der beiden anderen Strukturoptimierungsmethoden nicht zwangsläufig an den gleichen Winkeln.

Für $\alpha = 75°$ erzeugt die Kraftkegelmethode einen Diamant in der Mitte, der durch gerade Streben zu den Lagern gestützt wird, wohingegen die beiden anderen Methoden den symmetrischen Diamant verzerren und ihn direkt an die Lager anbinden. Ab einem Winkel von $\alpha = 60°$ weisen die Strukturen größere Übereinstimmungen auf. Alle Methoden binden eine symmetrische Struktur in der Mitte über direkte Streben an die Lager an.

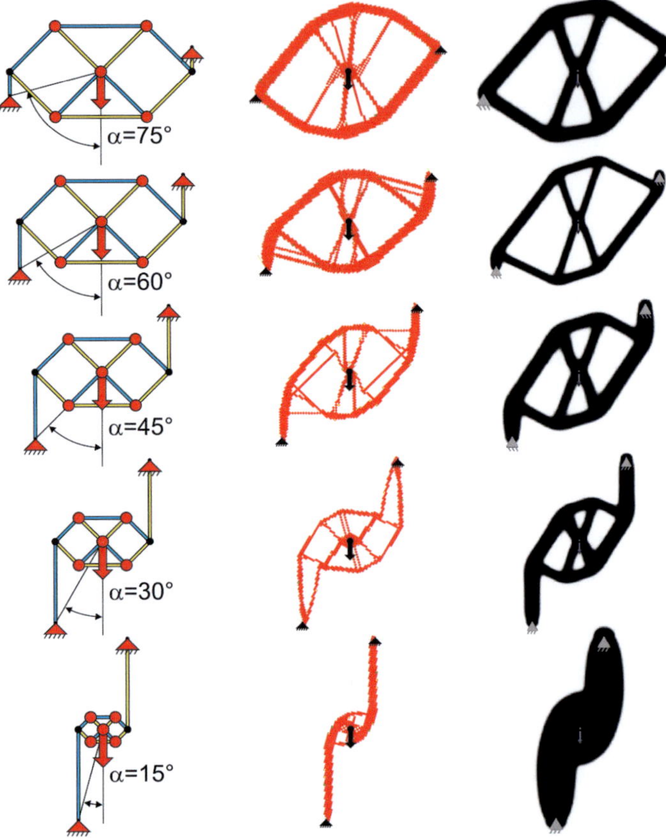

Abbildung 4.14: Strukturen zu einer schrittweisen Rotation der Kraftrichtung. Links: Kraftkegelmethode, Mitte: SKO-Methode, rechts: Homogenisierungsmethode

Die angewendeten Methoden erstellen Strukturen ohne das Knicken zu berücksichtigen. Lange Streben als Verschiebung des Kraftangriffspunktes oder der Lager parallel zur Kraftrichtung sind bei Zugbelastung gut. Lange druckbelastete Streben müssen allerdings gegen Knicken ausgelegt werden, wodurch sich die Materialeffizienz deutlich verringert. In diesem Fall bietet sich eine Anpassung der Randbedingungen an. Wenn die Kraft beispielsweise nicht mittig zwischen den Lagern, sondern näher an dem Lager in Druckrichtung angreift, reduzieren sich die Knicklänge der Druckstrebe und der für die Knickauslegung zusätzliche Materialaufwand.

Für die Kraftrichtungsrotation mit einem mittigen Kraftangriffspunkt, der senkrecht erhöht über der Verbindungslinie der Lager liegt, ist in Abbildung 4.15 ein Beispiel gegeben. Bei einem Lagerabstand L greift die Kraft auf einer Höhe $H = L/3$ an. Die Kraftrichtung ist dabei um $60°$ zur Verbindungslinie der Lager gedreht (A). Die Kraftkegel zu den Randbedingungen werden in Teil B gezeigt. Da die beiden Druckkegel zueinander geöffnet sind, wird eine direkte Strebe zum unteren Lager eingefügt. Weiterhin existieren zwei Primärpunkte als Schnitt der Kegel der Kraft mit den Kegeln des oberen Lagers. Wird der obere Primärpunkt zur Strukturerzeugung genutzt, bietet sich eine Umlenkung der vom oberen Lager ankommenden Druckstrebe bis zum anderen Rand des Zugkegels der Kraft an, wo sie direkt in den Druckkegel des unteren Lagers übergeht. Die fertige Struktur der Kraftkegelmethode ist in Teil C abgebildet. Teil

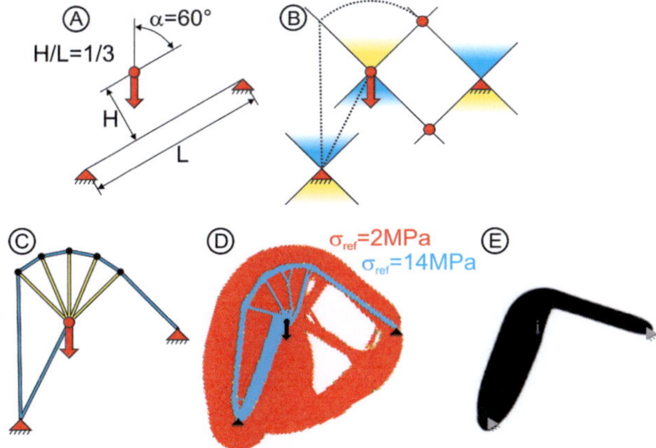

Abbildung 4.15: Gedrehte Kraftrichtung bei einem Modell mit erhöhtem Kraftangriffspunkt und zwei Festlagern. A) Randbedingungen, B) Kraftkegelvorgehen, C) Kraftkegelstruktur, D) SKO-Methode, E) Homogenisierungsmethode

D zeigt Strukturen der SKO-Methode für unterschiedliche Referenzspannungen. Die Vergleichsstruktur der Homogenisierungsmethode ist in Teil E abgebildet.

Bei näherer Betrachtung fallen prinzipielle Gemeinsamkeiten der Kraftkegelmethode und der SKO-Methode auf. Die blaue SKO-Struktur bei höherer Referenzspannung und die Kraftkegelstruktur besitzen beide eine direkte Druckstrebe von der Kraft ins untere Lager und binden beide die Kraft über Zugstreben an einen Druckbogen an. Die rote SKO-Struktur bei niedrigerer Referenzspannung besitzt einen Bogen unten rechts. Der in Teil B gezeigte untere Primärpunkt liefert die Erklärung zu diesem Bogen. Dort wird eine Zugstrebe vom Lager durch eine Druckstrebe von der Kraft umgelenkt. Allerdings kann die Anbindung in das untere Lager nur über Umwege in den Zugkegel des Lagers erfolgen, so dass dieser Strukturteil als ungünstig zu bewerten ist. Deshalb wird er bei der Erhöhung der Referenzspannung von der SKO-Methode weggelassen. Die Struktur der Homogenisierungsmethode lässt sich nicht weiter ausdifferenzieren, da der minimale Volumenanteil erreicht ist. Mit dem Wissen der anderen Strukturen sind die direkte Strebe und die Umlenkung im Vollmaterial erkennbar.

4.3.3 Unsymmetrischer Kraftangriff

Bei den folgenden Modellen greift die Kraft unsymmetrisch außerhalb der Mitte der Lager an, wobei gleichzeitig auch die Höhe des Kraftangriffspunktes variiert wird. Exemplarisch wird an einigen Beispielen der Strukturvergleich der verschiedenen Methoden gezeigt.

Die Studie einer **horizontalen Kraft** zeigt Abbildung 4.16. Die Kraft greift in unterschiedlicher Höhe H oberhalb des linken Lagers an. Der Kraftangriffspunkt wird über eine Strebe parallel zur Kraftrichtung mit einer Stützstelle verbunden. Die Zugstrebe wird von dort in das rechte Lager umgelenkt. Für $H/L = 1/2$ fällt die Stützstelle mit dem Primärpunkt der Lagerkegel zusammen. Liegt der Kraftangriffspunkt niedriger, führt der entstehende Primärpunkt nicht zu einer sinnvollen Struktur, so dass ebenfalls eine Stützstelle zur Strukturerzeugung genutzt wird. Diese wird am Schnittpunkt der Kraftrichtung mit dem Rand des Bereichs der direkten Streben ergänzt (vgl. Abbildung 4.1).

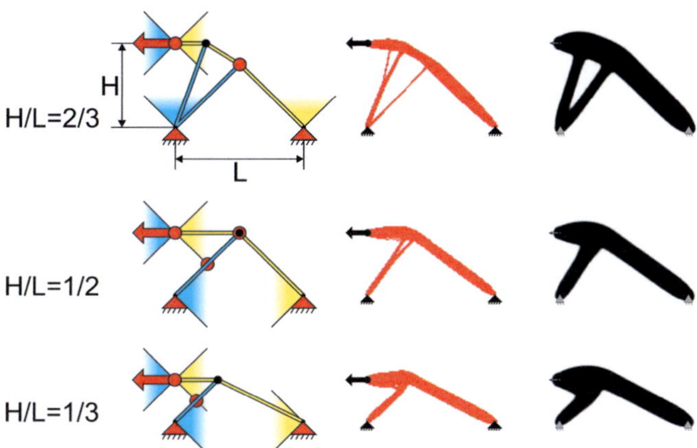

Abbildung 4.16: Unsymmetrisch angreifende horizontale Kraft. Links: Kraftkegelmethode, Mitte: SKO-Methode, rechts: Homogenisierungsmethode

Mit den Kraftkegeln wird klar, warum keine der Methoden eine direkte Strebe von der Kraft zum linken Lager ausbildet. Die Kraft wirkt horizontal und somit würden diese Streben außerhalb der Kegel liegen. Stattdessen sorgt eine Umlenkung dafür, dass die Zugstrebe passend in das rechte Lager geleitet wird. Bei den Strukturen bis zu dem Höhenverhältnis $H/L \leq 1/2$ wird die Zugstrebe scharf umgelenkt und die Winkel auf beiden Seiten der Druckstrebe sind sehr unterschiedlich. Dies führt zu einer kraftverstärkenden Anordnung und wird später auf Seite 79 bei den Torsionsankerstrukturen detailliert beschrieben. Aus diesem Grund ist die Druckstrebe bei den Ergebnissen der beiden Computermethoden vertikaler ausgeprägt.

Stellt eine **vertikale Kraft** die Belastung dar, sind die beiden Lagerreaktionskraftkegel gleich ausgerichtet. Für die Angabe des Kraftangriffspunktes wird zusätzlich zur Höhe H die Auslenkung A vom linken Lager eingeführt. Abbildung 4.17 zeigt Beispiele bei unterschiedlichen Randbedingungen.

Bei den Randbedingungen der oberen Zeile sind die Kraftkegel zueinander geöffnet und es bilden sich direkte Streben aus. Bei den Strukturen der

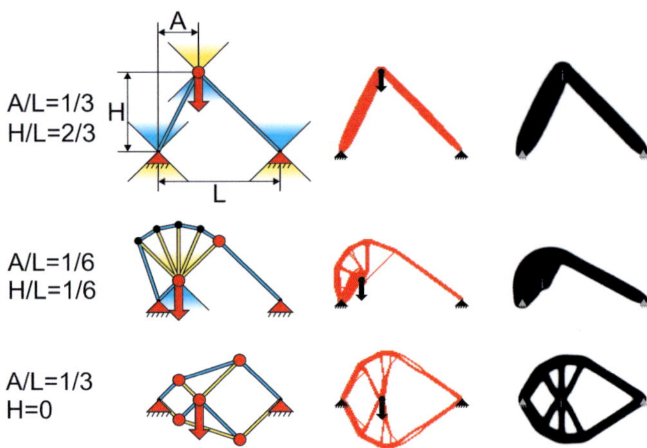

Abbildung 4.17: Unsymmetrisch angreifende vertikale Kraft. Links: Kraftkegelmethode, Mitte: SKO-Methode, rechts: Homogenisierungsmethode

SKO- und der Homogenisierungsmethode wird durch die unterschiedliche Strebendicke bereits eine Dimensionierung erkennbar.

Die Strukturen der mittleren Zeile erinnern an die bereits gezeigten unsymmetrischen Strukturen mit gedrehter Kraftrichtung (vgl. Abbildung 4.15). Eine direkte Strebe führt von der Kraft ins linke Lager und die Kraft ist über Zugstreben an den Druckbogen angehängt. Dabei sind Ähnlichkeiten mit den Strukturen der Computermethoden erkennbar, die jedoch sanftere Umlenkungen aufweisen.

In der unteren Zeile werden Unterschiede aufgezeigt. Die Strukturen der SKO- und der Homogenisierungsmethode gleichen sich. Sie sind im linken Strukturteil höher als im rechten. Im Gegensatz dazu ist die Kraftkegelstruktur im linken Strukturteil flacher als im rechten. Dadurch wird zwar die Druckstrebe im rechten Teil etwas verkürzt, allerdings führt dies gleichzeitig zu einem ungünstigen spitzen Umlenkwinkel.

Die Kraftkegelmethode bringt nicht für alle unsymmetrischen Randbedingungen eine konsequente Lösung hervor. Teilweise muss ein zusätzlicher Ansatz verwendet werden, damit sich sinnvolle Strukturen ergeben. Ist dies der Fall, haben die resultierenden Strukturen eine gesteigerte Ähnlichkeit zu den Strukturen der anderen Optimierungsmethoden. Ein Vorteil der Kraftkegelmethode liegt in der einfachen Darstellung, wodurch die Beanspruchungsart der Streben direkt erkannt wird. Der Volumenanteil der Homogenisierungsmethode lässt teilweise die Ausbildung feiner Strukturen nicht zu. Durch den Vergleich mit der Kraftkegelmethode wird trotzdem eine Vorstellung davon gewonnen, welche qualitativen Belastungen vorliegen.

4.4 Linienlasten

Die Belastungen einer Struktur sind oft nicht punktförmig, sondern erstrecken sich über größere Bereiche. Als ein Beispiel dafür werden Linienlasten untersucht. Da die Umsetzung einer Linienlast mit der Kraftkegelmethode nicht möglich ist, wird die Linienlast durch unterschiedlich viele Einzelkräfte angenähert und die Ergebnisse verglichen. Abbildung 4.18 verdeutlicht die Diskretisierungsstufen. Die links dargestellte Linienlast wird durch ein Modell mit Einzelkraft im Schwerpunkt der Linie, ein Modell mit Einzelkräften an den beiden Enden und ein Modell mit fünf gleichverteilten Einzelkräften ersetzt.

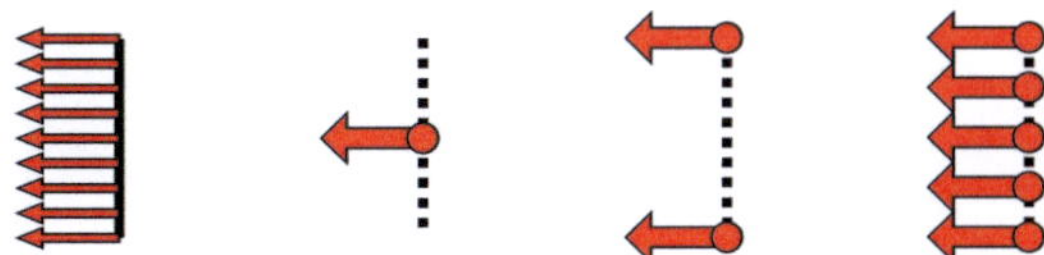

Abbildung 4.18: Untersuchung zur Diskretisierung einer Linienlast durch unterschiedlich viele Einzelkräfte

Parameterstudien untersuchen die Variationen der Länge der Linienlast, der Position, der Ausrichtung und der Lagerungsart. Dabei wird die Ähnlichkeit der Diskretisierungsstufen mit verschieden vielen Einzelkräften im Vergleich zur Linienlast erfasst. Die Kraftkegelmethode wird dabei mit der SKO-Methode [12] und der Homogenisierungsmethode verglichen.

4.4.1 Strukturvergleiche

Anhand exemplarischer Beispiele werden die Erkenntnisse zu den Linienlasten im Folgenden verdeutlicht. Bei der Konstruktion der Kraftkegelstrukturen werden die Strukturen zu den Einzelkräften separat erzeugt und anschließend zu einer zusammengefügt. Abbildung 4.19 zeigt Ergebnisse der Kraftkegelmethode für die verschiedenen Diskretisierungsstufen im Vergleich zu der SKO- und der Homogenisierungsmethode.

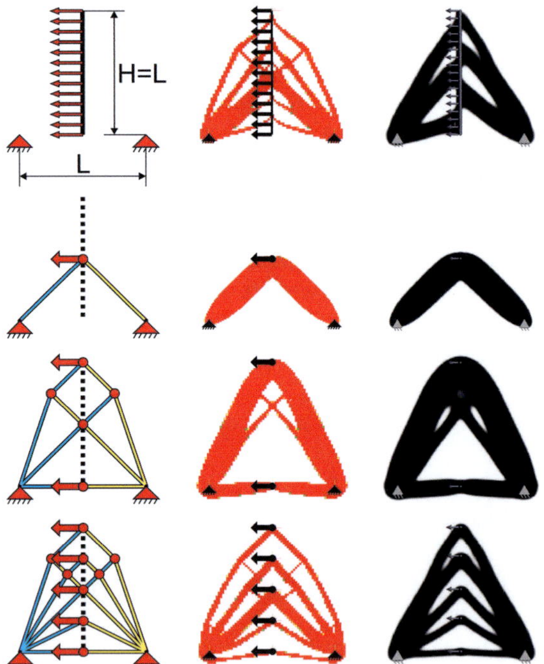

Abbildung 4.19: Strukturen zu einer horizontal wirkenden und vertikal ausgerichteten Linienlast für verschiedene Diskretisierungsstufen. Links: Kraftkegelmethode, Mitte: SKO-Methode, rechts: Homogenisierungsmethode

Die besten Übereinstimmungen zu den mit Linienlasten erzeugten Strukturen werden für fünf Einzelkräfte gefunden. Weder die Einzelkraft im Schwerpunkt der Linie, noch die Einzelkräfte an den Rändern liefern vergleichbare Strukturen. Bei der Struktur der Homogenisierungsmethode für die Linienlast tritt eine Unsymmetrie auf, die zu zusätzlicher Belastung der Struktur führt und vermieden werden sollte.

In manchen Fällen kombinieren sich die Strukturen der Kraftkegelmethode schon bei der Erzeugung. Es ist oft sinnvoll, zunächst die beiden Randeinzelkräfte zu betrachten und mit den bekannten Strukturen einer Einzelkraft zu vergleichen. Abbildung 4.20 zeigt eine Vorgehensweise, bei der die Randeinzelkräfte die beiden äußeren Druckstreben als direkte Verbindungen erzeugen. Im Anschluss werden die Einzelkräfte in einem Kraftkegel zusammengefasst, der die Druckstrebe wie bei dem Modell Diamant umlenkt (vgl. Kapitel 4.2.2, Seite 49). An diesen Druckbogen werden die Einzellasten mit Zugstreben angebunden.

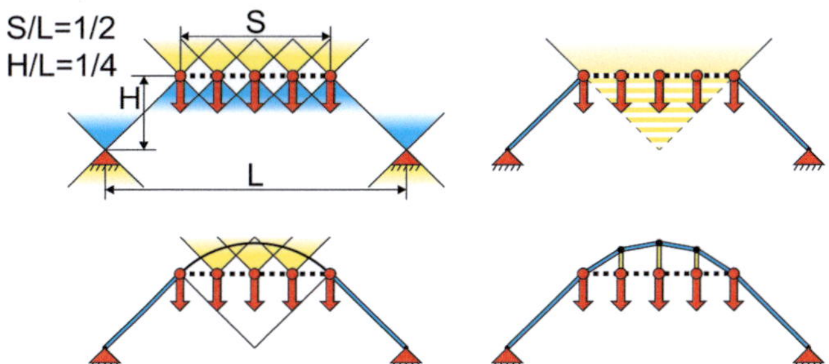

Abbildung 4.20: Exemplarisches Kraftkegelvorgehen bei mehreren Einzelkräften als Ersatz für eine Linienlast. Die Randkräfte liefern direkte Druckstreben zu den Lager, die durch einen Druckbogen verbunden werden.

Abbildung 4.21 verdeutlicht eine Studie, bei der diese Vorgehensweise Anwendung findet. Eine Linienlast der Länge $S = L/2$ wirkt in unterschiedlicher Höhe H. Oberhalb der Höhe $H = L/2$ entstehen Strukturen mit direkten Verbindungen zu den Lagern, vorstellbar wie eine Brücke, auf deren Pfeilern die Fahrbahn oben aufliegt. Sinkt die Höhe unter diese Grenze, entstehen Strukturen wie im vorangegangenen Beispiel erläutert,

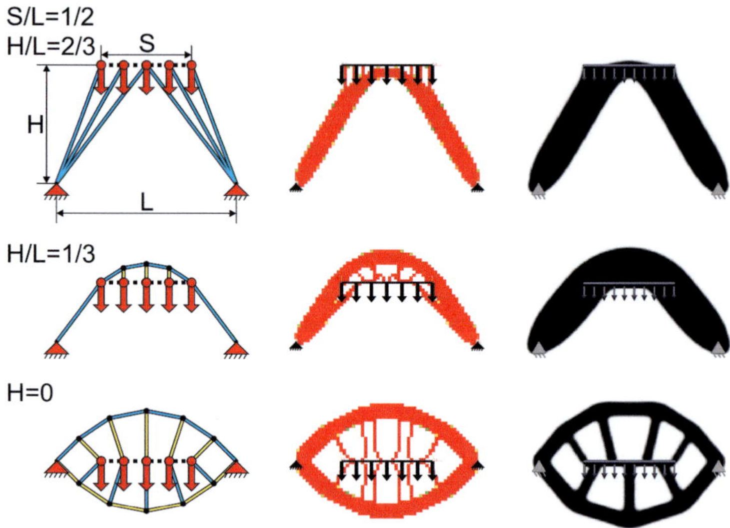

Abbildung 4.21: Vertikale Linienlast auf unterschiedlicher Höhe zwischen zwei Lagern. Links: Kraftkegelmethode mit fünf Ersatzkräften, Mitte: SKO-Methode mit Linienlast, rechts: Homogenisierungsmethode mit Linienlast

die vergleichbar mit dem Modell Galgen sind. Im symmetrischen Fall auf der Höhe $H = 0$ vergrößert sich dieser Druckbogen.

Um die Grenzen aufzuzeigen, stellt Abbildung 4.22 einen Fall dar, bei dem alle Diskretisierungsstufen zu der Linienlast unterschiedliche Ergebnisse liefern. Die vertikal wirkende Linienlast greift auf gleicher Höhe wie die beiden Festlager an, ist jedoch breiter als der Lagerabstand. Für eine mittige Einzelkraft ist das Ergebnis des Diamanten aus vorhergehenden Untersuchungen bekannt. Die beiden Randeinzelkräfte sorgen für einen komplett anderen Belastungsfall und liefern eine andere Struktur. Die Kombination der beiden führt bei den Kraftkegelstrukturen zu parallelen, benachbarten Zug- und Druckstreben, bei fünf Einzelkräften entstehen davon noch mehr. Für diese beiden Belastungsfälle lassen die Strukturen der Computermethoden Elemente erkennen, die den Torsionsankerstrukturen sehr ähneln (siehe Kapitel 4.6.1). Teilweise werden sogar mehrfach Torsionsanker ineinander geschachtelt.

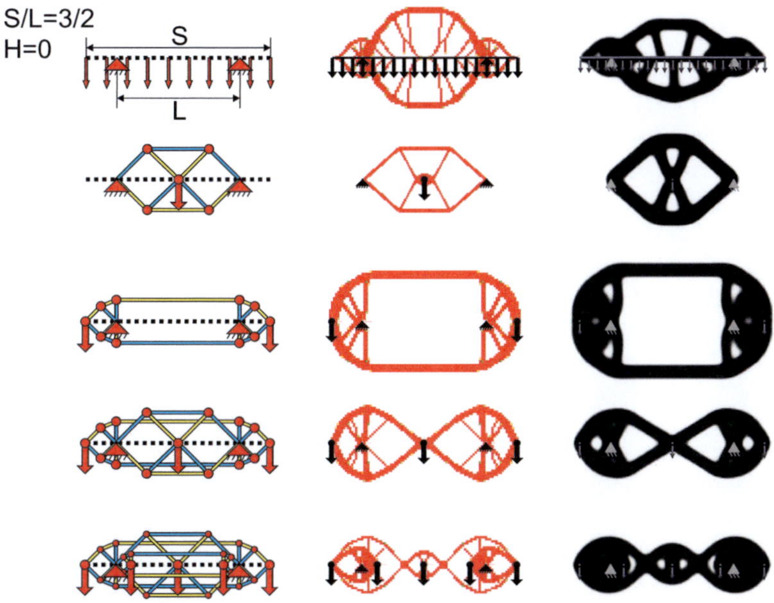

Abbildung 4.22: Vertikale Linienlast zwischen zwei Lager für unterschiedliche Diskretisierungsstufen der Belastung. Links: Kraftkegelmethode, Mitte: SKO-Methode, rechts: Homogenisierungsmethode

An dieser Stelle macht sich die Problematik der Quantität bemerkbar. Die Kraftkegelmethode erzeugt qualitativ Strukturen unabhängig von der Größe der Last. Werden im eben gezeigten Beispiel die Kräfte unterschiedlich gewählt, so liegen andere Biegeverhältnisse vor, die bei der Strukturauswahl berücksichtigt werden können.

Desweiteren sei erneut darauf hingewiesen, dass alle Methoden Strukturvorschläge liefern, aus denen das endgültige Design abgeleitet werden muss. Gegebenenfalls ist es möglich, dass sich beispielsweise die parallelen, benachbarten Streben der Kraftkegelstrukturen aufheben oder zusammengefasst werden können. Die Dimensionierung erfolgt erst im nächsten Schritt. Die langen Druckstreben wie in den mittleren Strukturen von Abbildung 4.22 sind auf Grund der möglichen Knickgefahr als ungünstig zu bewerten.

4.4.2 Linienlager

Werden die Lager nicht punktförmig festgelegt, sondern existiert ein Linienlager, bilden die Methoden einfache Strukturen aus. Für die Konstruktion
mit der Kraftkegelmethode bedeutet dies, dass die Streben entlang der
Kraftkegelränder gerade zu dem Linienlager platziert werden ohne dabei
Hilfskonstruktionen zu benötigen.

Der Vergleich in Abbildung 4.23 zeigt, dass die beiden Computermethoden
ähnliche Ergebnisse liefern, wobei hier die Lösungen für die Rechnungen
mit den Linienlasten dargestellt sind. Die exakte Angabe der Geometrien
wird bewusst ausgespart, da die Ergebnisse skalierbar und entsprechend er-
weiterbar sind. Werden mehr Einzelkräfte hinzugefügt, entstehen dieselben
wiederkehrenden Strukturen, da die Randbedingungen eine gestaltähnliche
Ausprägung ermöglichen.

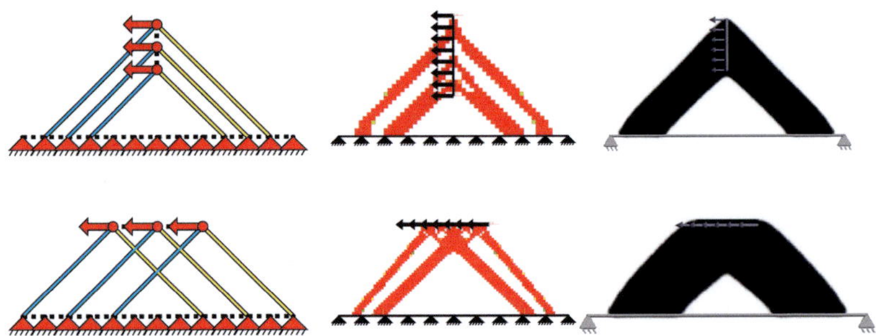

Abbildung 4.23: Vertikale und horizontale Linienlasten an Linienlagern.
Links: Kraftkegelmethode, Mitte: SKO-Methode, rechts: Homogenisierungsmethode

Dieses Beispiel eignet sich dazu, die Parameter der SKO-Methode und der
Homogenisierungsmethode zu erklären, die das Ergebnis beeinflussen und
sich auf die Feinheit der entstehenden Strukturen auswirken. Bei der SKO-
Methode bestimmt die Referenzspannung, welchen E-Modul das Material
der Reststruktur besitzt und somit, wie viel Material entfernt wird. Die
Homogenisierungsmethode bestimmt den mit Struktur ausgefüllten Teil
des Bauraums direkt durch Angabe eines Volumenanteils.

Abbildung 4.24 zeigt für die gleichen Randbedingungen unterschiedlich feine Strukturen der beiden Computermethoden durch die Wahl verschiedener Parameter.

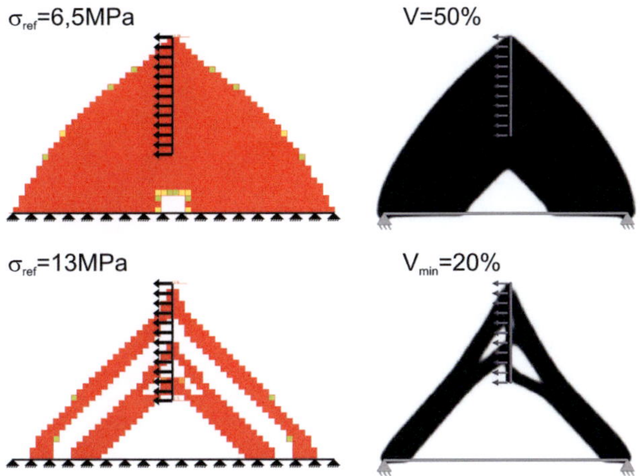

Abbildung 4.24: Parameter zur Steuerung der Strukturfeinheit. Links: Referenzspannung σ_{ref} bei der SKO-Methode, rechts: Volumenanteil V bei der Homogenisierungsmethode

Die unsymmetrischen Strukturen entstehen lediglich bei Anwendung der Homogenisierungsmethode, wenngleich die resultierenden Strukturen der beiden Methoden meist ähnlich und vergleichbar sind.

4.5 Lagerposition und Auswahl

Die Linienlager des vorangegangenen Kapitels zeigen, dass bestimmte Teile des Linienlagers zur Lagerung ausgewählt werden. In diesem Kapitel werden Lagerpositionen und die Auswahl günstig angeordneter Lager untersucht. Dabei werden unterschiedlich viele Lager in verschiedenen Anordnungen mit einer Kraft belastet.

Kreisanordnung

Bei der Kreisanordnung befinden sich Festlager auf einem Kreis um den Kraftangriffspunkt. Die Lager sind auf dem Kreis in einem Winkelabstand von $\alpha = 22{,}5°$ angeordnet, wobei zwei davon in Kraftrichtung liegen. Die Anordnung wird oben links in Abbildung 4.25 verdeutlicht.

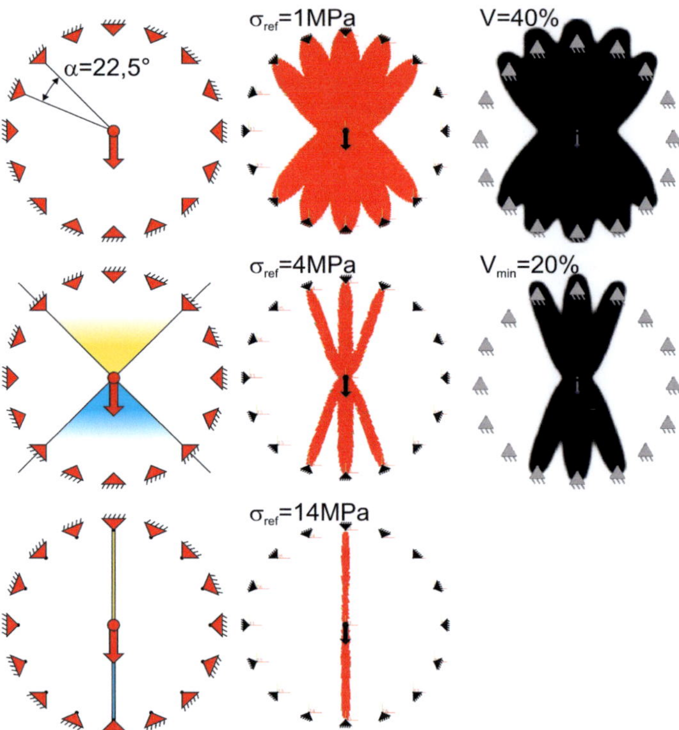

Abbildung 4.25: Lager in Kreisanordnung. Links: Kraftkegelmethode, Mitte: SKO-Methode, rechts: Homogenisierungsmethode

In der linken Spalte werden die an der Kraft wirkenden Kraftkegel und die Lösungsstruktur der Kraftkegelmethode gezeigt. Direkte Streben verbinden die Kraft mit den Lagern in Kraftrichtung. Die mittlere Spalte zeigt die Ergebnisse der SKO-Methode für unterschiedlich hohe Referenzspannungen, so dass das Verfeinern der Struktur während der SKO-Rechnung erkennbar wird. In der rechten Spalte sind die Strukturen der Homogenisierungsmethode für zwei unterschiedliche Volumenanteile dargestellt. Der minimale Volumenanteil $V_{min} = 20\%$ begrenzt diese Reihe.

Die Ergebnisse der beiden Computermethoden zeigen für eine niedrige Referenzspannung bzw. einen hohen Volumenanteil eine Lagerauswahl, die der Auswahl durch die Kraftkegel gleicht. Entsprechend der Kegelannahme werden zunächst die Lager senkrecht zur Kraftrichtung ausgelassen. Bei einer Verfeinerung der Streben durch die Erhöhung der Referenzspannung bzw. durch die Reduktion des Volumenanteils werden immer mehr Lager ausgelassen, bis die Lager in Kraftrichtung bei einer Referenzspannung von $\sigma_{ref} = 14MPa$ als einzige für die direkten Streben übrig bleiben.

Die Lagerwahl möglichst nahe zur Kraftrichtung und eine direkte Kraftleitung entspricht den Gestaltungsprinzipien des Leichtbaus (vgl. Kapitel 2.3.2, Seite 13). Um diesen Ansatz mit den drei Methoden zu validieren, stehen in einer weiteren Studie nur noch ein ausgewählter Teil der Lager in Kreisanordnung zur Verfügung, wie in dem oberen linken Teil der Abbildung 4.26 gezeigt.

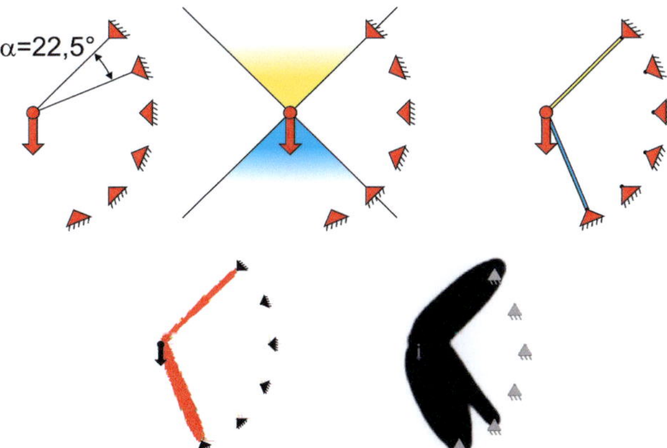

Abbildung 4.26: Ausgewählte Lager in Kreisanordnung. Oben links: Randbedingungen, oben Mitte und rechts: Kraftkegelmethode, unten links: SKO-Methode, unten rechts: Homogenisierungsmethode

Die Kraftkegel oben in der Mitte zeigen, welche der Lager eine gute
Wahl darstellen. Entsprechend entsteht die Kraftkegelstruktur oben rechts
mit ausgewählten Lagern möglichst nahe zur Kraftrichtung. Die beiden
Computermethoden bestätigen die Lagerwahl und die entstehende Struktur.
Die Feinheit der Struktur der Homogenisierungsmethode ist durch den
minimalen Volumenanteil beschränkt.

Eckanordnung

Als weiteres Beispiel wird im Folgenden auf die Eckanordnung der Lager
eingegangen. Die Lageranordnung mit den zur Kraft gehörenden Kraftkegeln zeigt Abbildung 4.27 oben links. In regelmäßigen Abständen a
sind die Kraft und die Lager über Eck angeordnet. Es wird bereits die
Gesamtzahl der Lager reduziert, die drei Lager in der Ecke werden zur
Strukturbildung nicht zur Verfügung gestellt. Die Kraftkegel schließen die
beiden nächstgelegenen Lager gerade an den Kegelrändern ein.

In der oberen Zeile sind mittig die Strukturen der SKO-Methode für die
Referenzspannungen $\sigma_{ref} = 5,5 MPa$ und $\sigma_{ref} = 22 MPa$ und rechts die
Struktur der Homogenisierungsmethode dargestellt. Das SKO-Ergebnis
für die niedrigere Referenzspannung ähnelt dem der Homogenisierungs-
methode. Das entfernte Lager wird von der SKO-Methode bei höheren
Referenzspannungen ausgelassen.

Die Kraftkegelmethode bringt eine Struktur mit direkten Streben zu den
nächstgelegenen Lagern hervor. Diese Struktur ist nicht sinnvoll, da der
horizontale Kraftanteil entsprechend der Kraftverläufe in Abbildung 4.3
zu einem deutlichen Anstieg der Strebenkräfte führt.

Eine teilweise symmetrische Struktur entsteht durch das Einfügen von
Stützstellen, die über direkte Streben parallel zur Kraftrichtung mit
den Lagern verbunden sind. In der Mitte der unteren Zeile werden zwei
Stützstellen auf gleicher Höhe des Kraftangriffs ergänzt, so dass die Dia-
mantstruktur entsteht. Diese Struktur entspricht den Ergebnissen aus
Abbildung 4.14 für eine um 45° gedrehte Kraft. Wie rechts abgebildet
wird die Symmetrisierung auch durch eine Stützstelle erreicht. Dadurch
entsteht eine Umlenkung wie beim Modell Galgen.

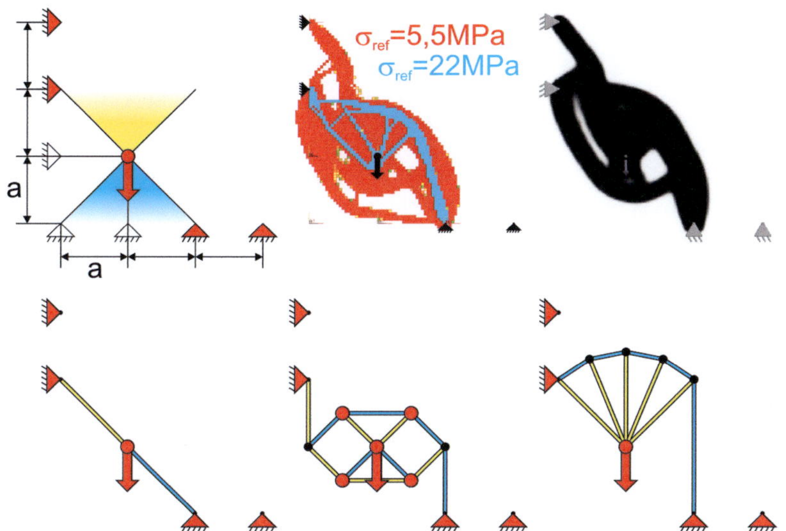

Abbildung 4.27: Lager in Eckanordnung. Oben links: Randbedingungen und Kraftkegel, Mitte: SKO-Methode, rechts: Homogenisierungsmethode. Unten: drei Kraftkegelstrukturen

Die Computermethoden nutzen das obere Lager für wenig ausdifferenzierte Strukturen. Die Strukturen der SKO-Methode lösen sich davon bei höherer Referenzspannung, so dass nur noch die der Kraft nächstgelegenen Lager verwendet werden. Im Vergleich zu der Struktur bei $\alpha = 45°$ aus Abbildung 4.14 sind deutliche Unterschiede zu erkennen, obwohl letztlich die gleichen Lager verwendet werden. Dies ist darauf zurückzuführen, dass die Struktur der SKO-Methode iterativ vom Vollmaterial mit steigender Referenzspannung immer feinere Strukturen erzeugt und somit durch eine Rechenhistorie bedingte Ergebnisse liefert.

Wird das linke untere Lager entfernt, entstehen Strukturen wie in Abbildung 4.28 gezeigt. Bei der links dargestellten Kraftkegelstruktur wird eine Stützstelle ergänzt, die als Verschiebung der Kraft parallel zur Kraftrichtung dient. Anschließend erfolgt eine Umlenkung der Zugstrebe in das nächstgelegene obere Lager.

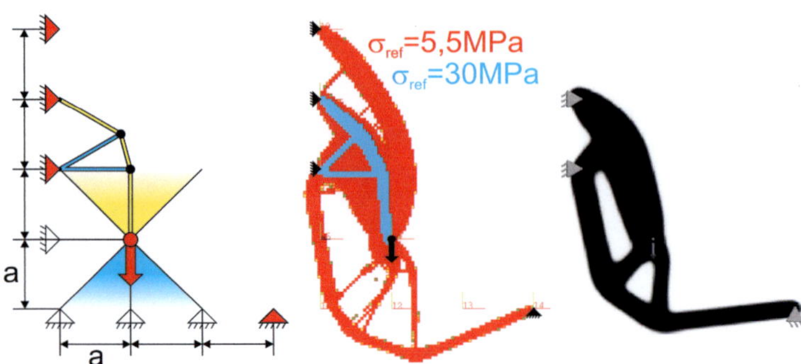

Abbildung 4.28: Lager in Eckanordnung. Links: Kraftkegelmethode, Mitte: SKO-Methode, rechts: Homogenisierungsmethode

In der Mitte sind zwei überlagerte Strukturen der SKO-Methode für die Referenzspannungen $\sigma_{ref} = 5,5MPa$ und $\sigma_{ref} = 30MPa$ dargestellt. Die Struktur der niedrigen Referenzspannung entspricht dem rechts gezeigten Ergebnis der Homogenisierungsmethode. Mit dem Wissen der Kraftkegel wird erkannt, dass der untere Bogen ein durch Druckstreben zur Kraft gespannter Zugbogen ist. Die aus der SKO-Methode resultierende Struktur für die höhere Referenzspannung ist mit der Kraftkegelstruktur vergleichbar. Eine Strebe in Kraftrichtung wird auf Höhe des Lagers durch eine Art Umlenkung ins obere Lager geführt.

Durch diese Beispiele wird gezeigt, dass bei der Strukturerzeugung eine Vielzahl an Lager zunächst sinnvoll auf wenige Lager beschränkt werden sollte. Dies vermeidet eine Doppelung von Strukturteilen und reduziert die Anzahl der Streben. Bei der Auswahl der Lager werden jene bevorzugt, die in oder möglichst nahe zur Kraftrichtung liegen. Dadurch wird eine direkte Krafteinleitung in die Lager gewährleistet. Bei unsymmetrischen Randbedingungen bieten sich Hilfsstrukturen an, die zu teilweise symmetrischen Strukturteilen führen.

4.6 Torsionsankerstudie

Für große Kraftangriffspunkthöhen bietet sich ein Torsionsanker als sinnvolle Lagerungsart an, bei der ein Kreis fest eingespannt ist. Dieser sogenannte Ankerkreis hat den Durchmesser L, die Höhe H entspricht der Entfernung des Kraftangriffspunktes zum Kreismittelpunkt. Zunächst greift eine Querkraft senkrecht zur Verbindungslinie vom Kraftangriffspunkt zum Kreismittelpunkt an. Somit wird hier erneut das H/L-Verhältnis betrachtet. Beispielhaft wird im Folgenden vor allem auf das Verhältnis $H/L = 2$ eingegangen. Abbildung 4.29 verdeutlicht die geometrischen Festlegungen.

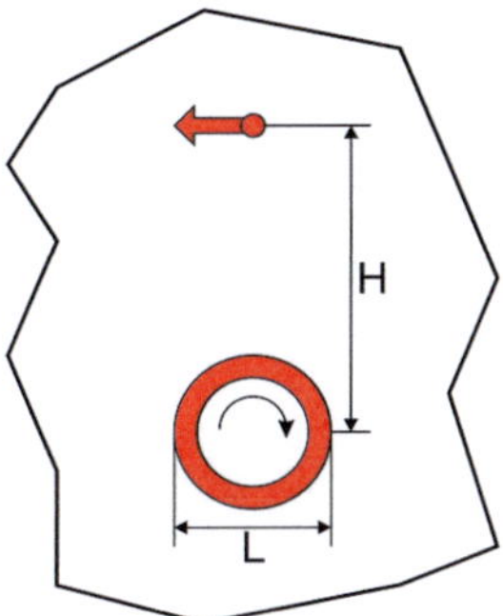

Abbildung 4.29: Geometrie eines Torsionsankers mit angreifender Querkraft. Der Pfeil im Torsionsanker stellt das Reaktionsmoment dar.

In einem theoretischen Vergleich werden Strukturen untersucht, die vom Ergebnis verschiedener Methoden abgeleitet werden. Für die FEM-Berechnungen werden einige Annahmen getroffen. Die Modelle werden mit den Materialparametern eines gängigen Baustahls auf die Festigkeit ohne Sicherheitsfaktor dimensioniert und gegen Knicken ausgelegt. Alle Modelle werden als ebenes Problem behandelt, das Kippen aus der Ebene heraus wird unterbunden. Eine horizontal wirkende Querkraft leitet die Belastung ein. Der Rand des Torsionsankers stellt Festlager dar, so dass die Fußpunkte der inneren Streben dort translatorisch gebunden sind. Die Verbindungspunkte der Streben werden als frei drehbare Gelenke angenommen und somit als geometrische Verknüpfung der durch Balkenelemente abgebildeten Streben betrachtet.

Das dreistufige Vorgehen wird in Abbildung 4.30 beschrieben. Teil A zeigt die durch verschiedene Methoden erzeugte Ausgangsstruktur, hier beispielhaft den Standardtorsionsanker der Kraftkegelmethode. In Teil B wird daraus zunächst ein Balkenmodell abgeleitet, bei dem die Strebendicken mittels einer Spannungsanalyse auf die Festigkeit dimensioniert werden. Damit die Druckstreben nicht knicken, werden diese nachfolgend gegen Knicken ausgelegt und entsprechend verstärkt (C).

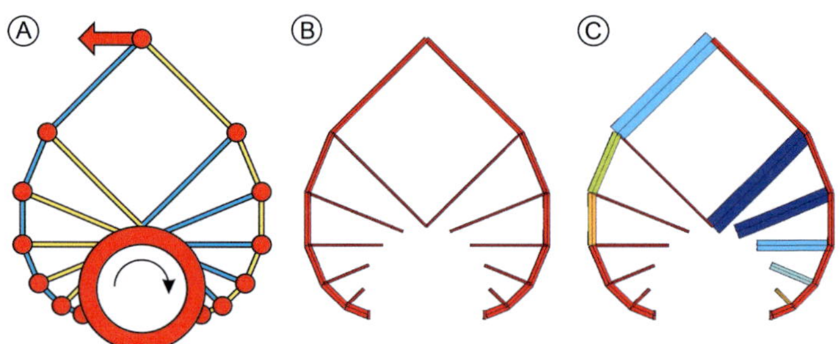

Abbildung 4.30: Vorgehen beim Vergleich verschiedener Torsionsankerstrukturen. A) Ausgangsstruktur, hier der Standardtorsionsanker, B) Modell nach dem Festigkeitsnachweis, C) Modell mit verbreiterten Druckstreben nach der Knickauslegung

Die Knickproblematik der Druckstreben ist lastabhängig, so dass die Vergleichsreihen mit verschieden großen Kräften berechnet werden. Liegt eine geringe Kraft an, werden die Querschnitte der Streben bei der Festigkeitsauslegung kleiner dimensioniert als bei einer großen Kraft. Bei gleicher Länge sind dünne Streben jedoch deutlich knickanfälliger bzw. müssen deutlich verbreitert werden, damit sie nicht knicken, wohingegen bei großen Lasten die dicken Streben breit genug sind. Daraus folgend sind Strukturen mit größerem Zugstrebenanteil als positiver zu bewerten, da diese nicht gegen Knicken ausgelegt werden müssen und somit kein zusätzliches Material benötigen.

Die Belastung wird in drei Stufen eingeteilt, bei denen die Knickgefährdung unterschiedliche Einflüsse hat. Zum Vergleich wird das für die Ausbildung der Strukturen benötigte Volumen verglichen.

4.6.1 Vergleichsstrukturen

Standardkonstruktion der Kraftkegelmethode

Die Standardkonstruktion der Kraftkegelmethode für einen Torsionsanker kann bei gleichen Randbedingungen unterschiedlich fein ausgeprägt sein, da der Winkel α zwischen den Streben nicht festgelegt ist. Das Konstruktionsvorgehen wurde bereits in Kapitel 3.4.3 vorgestellt.

Abbildung 4.31 veranschaulicht Torsionsankerstrukturen für verschiedene Winkel α. Bei größeren Winkeln entstehen Strukturen mit weniger Streben und schnellerer Umlenkung der äußeren Streben nach innen zum Ankerkreis. Für einen kleineren Winkel α werden mehr innere Streben erzeugt und die Umlenkung der äußeren Streben nach innen wird immer runder. Wenn α schließlich gegen Null geht, erhält man die Abrollkurven, bzw. die Evolventen des Konstruktionskreises.

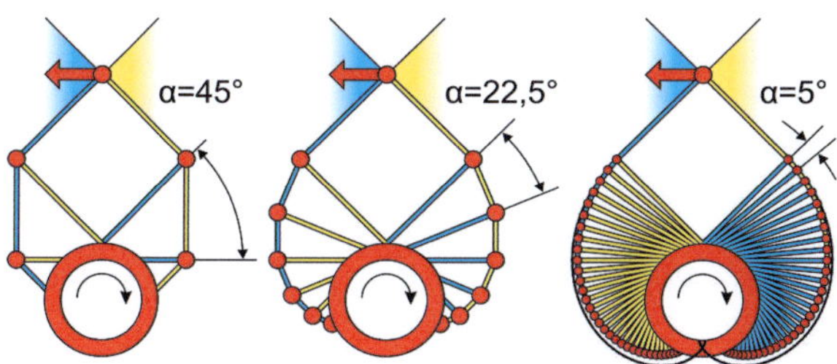

Abbildung 4.31: Standardtorsionsankerstrukturen der Kraftkegelmethode für verschiedene Strebenwinkel α. Im rechten Teil ist die Evolvente als Begrenzung für $\alpha \to 0$ in schwarz dargestellt.

Die Streben schneiden den Ankerkreis in einem Winkel von 45° zur Tangente. Eine Erklärung für dieser Winkel liefert das Schubviereck. Zur Verdeutlichung der Zug- und Druckrichtungen wird die Betrachtung in Abbildung 4.32 heran gezogen. Ein Torsionsanker in einer ebenen, querkraftbelasteten Platte bewirkt Schubkräfte am Ankerkreis (A). Diesen Schubkräften entspricht ein Schubviereck, aus dem die Zug- und Druckrichtungen abgeleitet werden (B). Entlang dieser Richtungen werden die Streben angeordnet (C), die somit Verlängerungen der Tangenten an den inneren Konstruktionskreis sind (D).

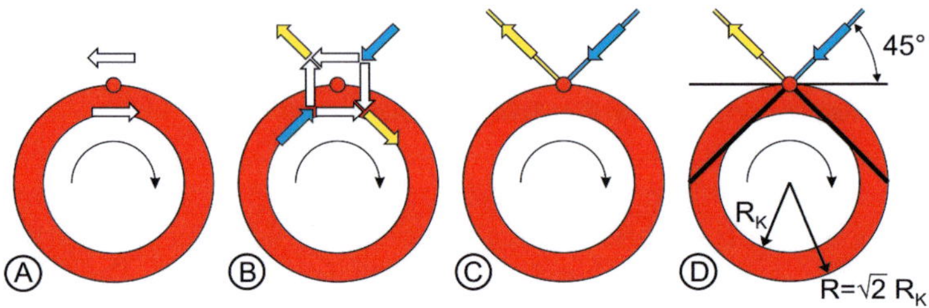

Abbildung 4.32: Herleitung des Strebenwinkels am Ankerkreis. A) Aus Querkraft resultierender Schub, B) dem Schub entsprechendes Schubviereck, C) Strebenanordnung gemäß den aus dem Schubviereck abgeleiteten Richtungen, D) Strebenwinkel zur Tangente und Konstruktionskreisverhältnis

Diese Konstruktion der Streben gilt für den gesamten Torsionsankerumfang, was im linken Teil der Abbildung 4.33 zu sehen ist. Die Anordnung geht einher mit den Hauptnormalspannungsrichtungen am Rand des Torsionsankers. Die mittels FEM-Analysen berechneten Richtungen sind im rechten Teil der Abbildung 4.33 dargestellt. Die schwarzen Pfeile zeigen dabei die Richtung der ersten Hauptnormalspannung an, die dem Zug zugeordnet wird. Die blauen Pfeile entsprechen der dritten Hauptnormalspannung, bzw. dem Druck.

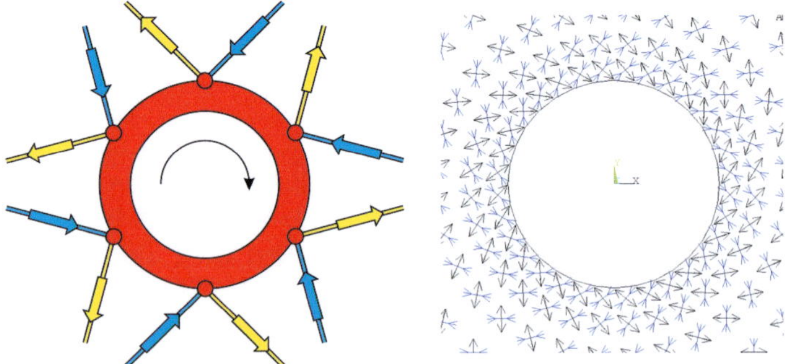

Abbildung 4.33: Links: Kraftkegelstreben am Ankerkreis, rechts: Hauptnormalspannungen um den Ankerkreis

Zu dieser Standardkonstruktion gibt es innerhalb der Kraftkegelmethode weitere Ansätze, wie Torsionsankerstrukturen hergeleitet werden können. Diese werden im Folgenden beschrieben.

Unsymmetrische Konstruktionen

Teilt man die Standardkonstruktion in zwei Hälften entlang der Symmetrielinie, erhält man eine asymmetrische Struktur mit zusätzlicher senkrechter Strebe zum Kraftangriffspunkt. Die Strukturen sind für $\alpha = 22,5°$ in Abbildung 4.34 dargestellt, links mit äußerer Druckstrebe und rechts mit äußerer Zugstrebe. Da in der Mitte eine zusätzliche Strebe benötigt wird, enthalten diese Strukturen knapp 50% weniger Streben und Verbindungspunkte als die Gesamtstruktur.

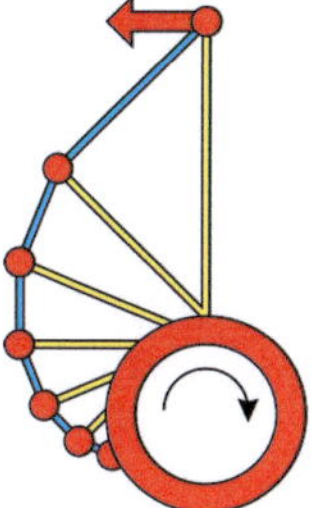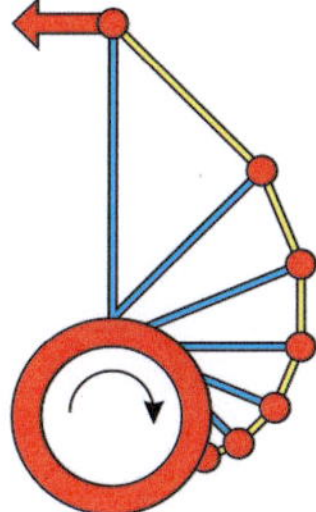

Abbildung 4.34: Halbe, unsymmetrische Torsionsankerstrukturen. Links: mit äußerer Druckstrebe, rechts: mit äußerer Zugstrebe

Wiederholter Torsionsanker

Der Standardtorsionsanker besitzt mit dem Strebenwinkel einen frei zu bestimmenden Parameter. Dieser bestimmt die Position der äußeren Primärpunkte. Beim Ansatz des wiederholten Torsionsankers wird am jedem äußeren Primärpunkt ein neuer Torsionsanker konstruiert. Die Vorgehensweise verdeutlicht Abbildung 4.35. Zunächst startet die Konstruktion vergleichbar und es wird ein erster Primärpunkt erzeugt (A). Der Schnittpunkt der Verbindungslinie vom Primärpunkt zum Kreismittelpunkt mit dem Ankerkreis ist der neue Fußpunkt für die nächste innere

Strebe, die wieder unter 45° zur Verbindungslinie angebunden ist (B). Die
äußere Strebe ist im Primärpunkt ebenfalls um 45° zur Verbindungslinie
gedreht und schneidet die innere Strebe im nächsten Primärpunkt. Dieses
Vorgehen wird so lange wiederholt, bis die äußere Strebe auf den Ankerkreis
trifft. Auf diese Weise nimmt der Winkel zwischen den inneren Streben
hin zum Ankerkreis immer mehr ab, wodurch dort die Streben kleiner
werden und sich die Verbindungspunkte häufen. Außerdem verringert sich
die Gesamtbreite der Struktur im Vergleich zum Standardtorsionsanker.

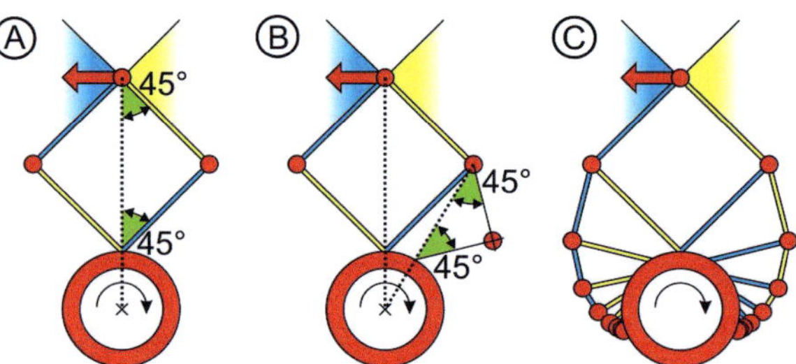

Abbildung 4.35: Konstruktion des wiederholten Torsionsankers. A) Stan-
dardvorgehen bis zum ersten Primärpunkt. B) Wiederholtes Vorgehen mit
Primärpunkt als Kraftangriff, C) resultierende Struktur

Innenstruktur

Bei den bisher erzeugten Torsionsankerstrukturen werden die äußeren
Streben so umgelenkt, dass auf der einen Seite der inneren Strebe ein
rechter Winkel und auf der anderen Seite ein Winkel kleiner 90° resultiert.
Bei näherer Betrachtung durch einen Knotenrundschnitt fällt auf, dass
diese Anordnung kraftverstärkend in der äußeren Strebe wirkt. Dies lässt
sich mit dem Kräfteparallelogramm im linken Teil der Abbildung 4.36
nachvollziehen, bei dem aus $\vec{F_2} = \vec{F_1} + \vec{F_3}$ und $\alpha > \beta$ immer $|F_2| > |F_1|$
folgt. Demnach nimmt die Strebenkraft in der äußeren Strebe zum Anker-
kreis hin immer mehr zu. Für kleinere Gesamtwinkel $\alpha_{ges} = \alpha + \beta$, also für
eine schärfere Umlenkung, verstärkt sich dieser Effekt. Werden die inneren
Streben jedoch wie rechts dargestellt entlang der Winkelhalbierenden der
äußeren abknickenden Strebe platziert, bleibt die Strebenkraft der äußeren
Strebe gleich groß, da $|F_2| = |F_1|$ gilt.

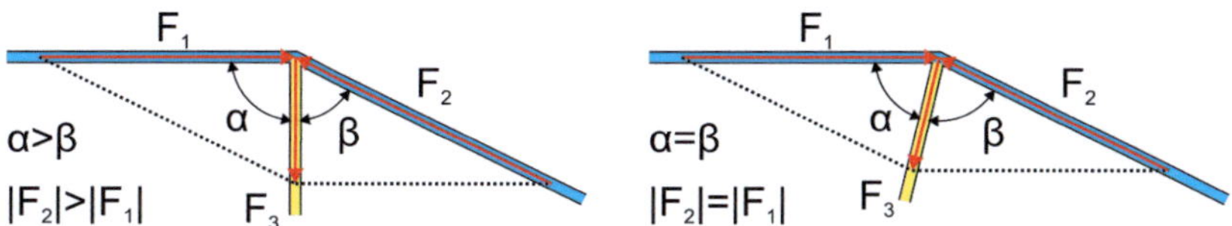

Abbildung 4.36: Kräfteparallelogramme an den äußeren Umlenkungspunkten der Torsionsankerstrukturen. Links: kraftverstärkende Strebenanordnung, rechts: winkelhalbierend angeordnete innere Strebe

Mit diesem Ansatz werden einige Strukturen modifiziert. Dabei treffen die inneren Streben nicht mehr auf den Ankerkreis, wodurch eine Innenstruktur entsteht. Der Schnittpunkt der ersten beiden inneren Streben wird als neuer Startpunkt für einen innenliegenden Torsionsanker verwendet. Die Schnittpunkte der inneren Streben des äußeren Torsionsankers und der äußeren Streben des inneren Torsionsankers ergeben die weiteren Umlenkungspunkte des inneren Torsionsankers. Diese Modifikation beschreibt Abbildung 4.37 am wiederholten Torsionsanker. Durch die Modifikation ergeben sich andere Winkel der Streben am Ankerkreis.

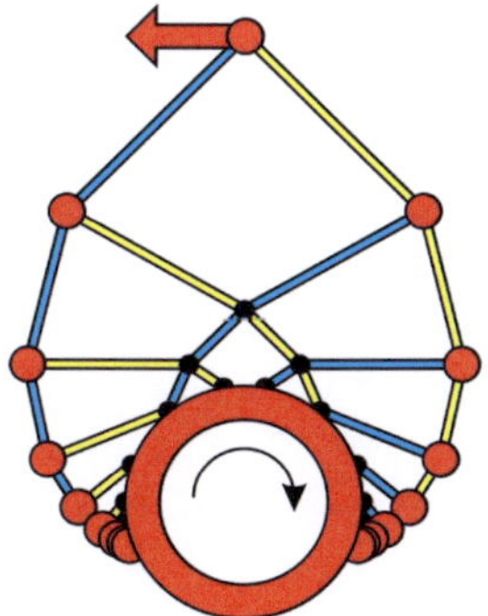

Abbildung 4.37: Wiederholter Torsionsanker mit Innenstruktur

SKO-Methode

Zum Vergleich werden mit der SKO-Methode Designvorschläge für die
Torsionsankeranordnung erzeugt. Durch die verschiedenen Parameterein-
stellungen der SKO-Methode entstehen dabei leicht unterschiedliche Strukturen, aus denen eine typische ausgewählt und zur Strukturableitung
herangezogen wird. Abbildung 4.38 zeigt links die SKO-Lösung als Design-
vorschlag und rechts die daraus abgeleitete Struktur.

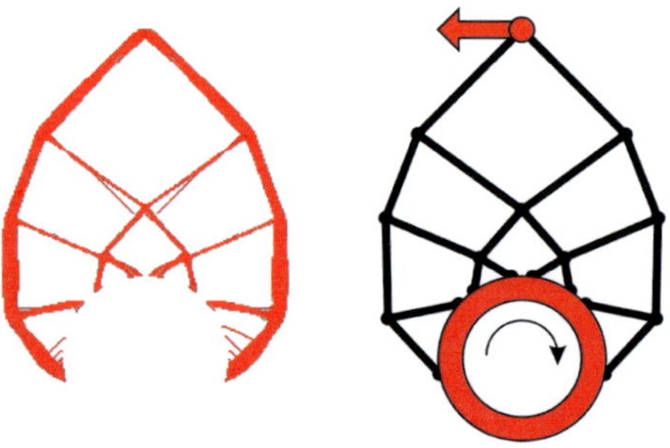

Abbildung 4.38: Links: SKO-Lösung, rechts: abgeleitete Struktur

Michell

Die von Michell beschriebenen Strukturen sind so direkt nicht herstellbar,
da sie lediglich eine Visualisierung der unendlichen Zahl an Lastpfaden
sind (vgl. Kapitel 2.4, Seite 15). Deshalb wird das System von Michell
für eine kreisförmige Lagerung in ein diskontinuierliches System durch die
Auswahl einzelner Pfade überführt. Abbildung 4.39 zeigt auf der linken
Seite eine Auswahl von Lastpfaden für den Torsionsanker als Lagerung
mit der Belastung durch eine Querkraft. Im rechten Teil wird das System
durch endlich viele stückweise gerade Streben ersetzt. Die abgeleitete
Struktur verläuft näherungsweise entlang der Lastpfade und verändert
sich geringfügig durch eine andere Auswahl der Pfade.

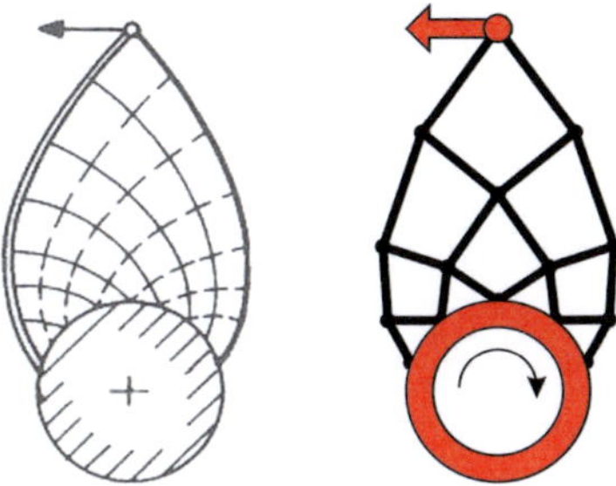

Abbildung 4.39: Links: Michell-System [33], rechts: abgeleitete Struktur

Homogenisierungsmethode

Für die Homogenisierungsmethode werden durch die Wahl verschiedener Filter in dieser Untersuchung zwei Strukturen erzeugt. In Abbildung 4.40 zeigt Teil A die Struktur nach Anwendung des Sensitivitäten-Filters und Teil B die Struktur nach Anwendung des Dichte-Filters. Die abgeleiteten Strukturen für die Vergleichsrechnungen sind jeweils rechts dargestellt. Für die Anwendung der beiden Filter wurde die Homogenisierungsmethode mit dem SIMP-Ansatz in *Matlab* implementiert. [1]

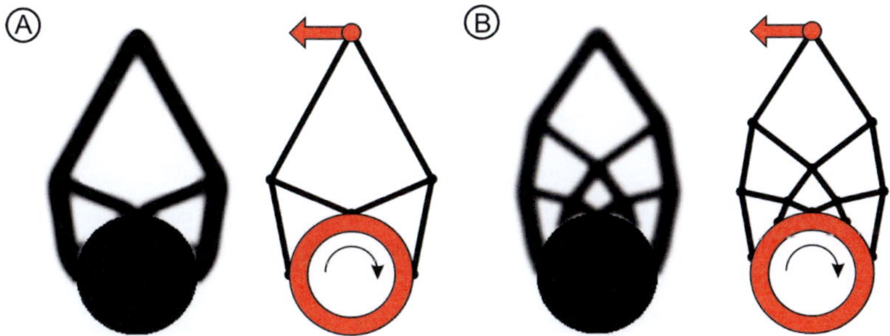

Abbildung 4.40: Vergleichsstrukturen der Homogenisierungsmethode. Jeweils links: Berechnungsergebnis [1], rechts: abgeleitete Struktur. A) Sensitivitäten-Filter, B) Dichte-Filter

Etablierte Lösungen in der Konstruktionspraxis

Als etablierte Lösungen in der Konstruktionspraxis werden die Vergleichsstrukturen „abgespannter Mast" und „Leiterrahmen" hinzugefügt. Entsprechend des Namens wird beim abgespannten Mast die Kraft mit dem
Torsionsanker über eine Strebe verbunden, die zu einer Seite abgespannt
wird. Diese Struktur wird in Teil A der Abbildung 4.41 gezeigt. Teil B
zeigt die Struktur des Leiterrahmens, der beispielsweise bei Kranarmen,
Baugerüsten oder Licht- und Tontraversen oft zu finden ist.

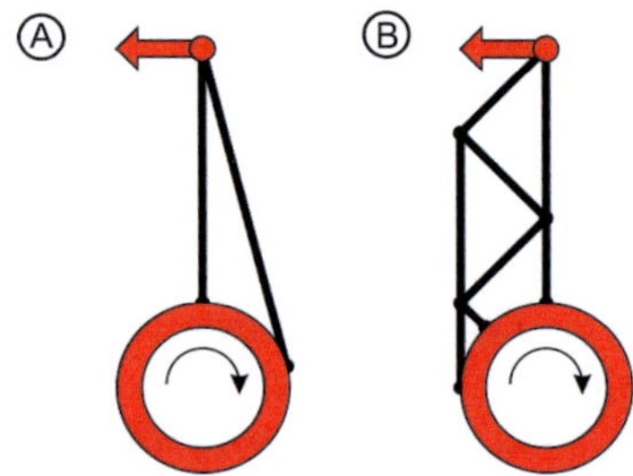

Abbildung 4.41: Vergleichsstrukturen der Konstruktionspraxis. A) Abgespannter Mast, B) Leiterrahmen

4.6.2 Dimensionierung

Die Dimensionierung stellt einen iterativen zweiteiligen Prozess dar, bei
dem sich die beiden Teile gegenseitig geringfügig beeinflussen. Die erste
Iteration hat den größten Einfluss. In dieser Untersuchung wird die Dimensionierung danach beendet. Zunächst werden die Modelle auf die Festigkeit
von Stahl ohne Sicherheitsfaktor ausgelegt. Dazu werden die jeweiligen
Stabkräfte ermittelt und die Querschnittsflächen entsprechend angepasst,
so dass eine homogene Spannungsverteilung vorherrscht. Für den Stab
i lässt sich bei maximal zulässiger Spannung σ_{max} und bestimmbarer
Stabkraft F_i die Stabbreite b_i mit der für alle Modelle gleichen Tiefe t
ermitteln durch:

$$b_i = \frac{F_i}{t\sigma_{max}}.$$ (4.1)

Bei dieser Dimensionierung bleibt das Knicken schlanker Stäbe unberücksichtigt. Deswegen müssen druckbeanspruchte Stäbe auf Knicken untersucht werden. Wie in Gleichung 2.18 auf Seite 10 beschrieben, wird für ein bestimmtes Material mit E-Modul E die kritische Knickkraft F_i aus der Stablänge l_i und dem Flächenträgheitsmoment I_i berechnet. Für die dieser Belastung zugeordnete kritische Stabbreite b_{ik} gilt:

$$b_{ik} = \sqrt[3]{\frac{12F_i l_{ik}^2}{\pi^2 Et}}.$$ (4.2)

Die kritische Stabbreite ist erforderlich, damit der Stab nicht durch Knicken versagt. Ist demnach $b_i < b_{ik}$, so muss der Stab auf die Stabbreite b_{ik} verbreitert werden. Dies erfordert zusätzlichen Materialaufwand.

Ist die Belastung von Beginn an größer, ergeben sich größere Stabkräfte und somit breitere Stäbe nach dem ersten Teil der Dimensionierung. Dies führt dazu, dass $b_i \geq b_{ik}$, d.h. der Stab muss nicht verbreitert werden, da er nicht knickgefährdet ist.

Die Stabbreiten b_i und b_{ik} sind unterschiedlich von der Stabkraft F_i abhängig. Die Stabbreite b_i der Festigkeitsdimensionierung steht in linearer Abhängigkeit zur Stabkraft, wohingegen die kritische Stabbreite b_{ik} der Knickauslegung proportional zur dritten Wurzel der Stabkraft ist. Diesen Zusammenhang verdeutlicht Abbildung 4.42.

Im Bereich kleiner Stabkräfte wird die resultierende Stabbreite somit von der Stabbreite b_{ik} nach der Knickauslegung vorgegeben und erst ab einer Stabkraft F_{Grenz} reicht die Stabbreite b_i nach der Festigkeitsdimensionierung aus. Da beim Knicken zusätzlich die Stablänge in die Berechnung einfließt, verändern sich die Verhältnisse je nach Struktur unterschiedlich. Je kürzer ein Stab ist, desto geringer wird die Grenzkraft F_{Grenz}, ab der dieser Stab nach der Festigkeitsdimensionierung ausreichend breit ist. Aus diesem Grund wird bei den Untersuchungen mit drei unterschiedlich großen Kräften belastet, so dass die Knickauslegung einerseits einen starken und andererseits einen geringen Einfluss hat.

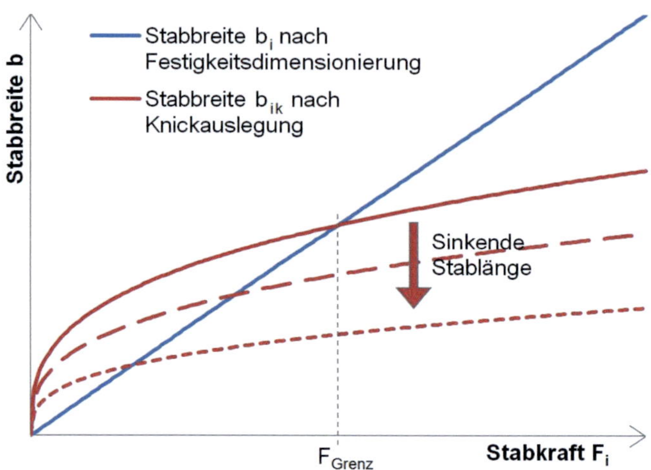

Abbildung 4.42: Zusammenhang der Stabbreiten b_i bzw. b_{ik} und der Stabkraft F_i

Für die Berechnungen werden Materialparameter eines gängigen Stahls mit einer Streckgrenze $R_{es} = 370 \frac{N}{mm^2}$ und einem Elastizitätsmodul $E = 210000 \frac{N}{mm^2}$ zu Grunde gelegt. Die maximal zulässige Spannung entspricht der Streckgrenze, es wird kein Sicherheitsfaktor eingeführt. Die Modelle werden relativ zueinander verglichen und dabei die Gravitation vernachlässigt.

Als Beispiel zeigt Abbildung 4.43 den Standardtorsionsanker für die Belastung mit verschieden großen Kräften. Die in rot gefärbten Streben sind nach der Festigkeitsdimensionierung ausreichend breit, es ist kein Knicken zu erwarten. Die andersfarbigen, mit einem Kreis gekennzeichneten Streben sind jedoch zusätzlich verbreitert worden, damit kein Knicken auftritt. Dies bestätigt den Zusammenhang der Stabbreiten und der Stabkraft. Bei geringer Belastung müssen die Druckstreben teilweise erheblich verbreitert werden, bei großer Belastung reicht die Stabbreite meist aus. Außerdem ist beim rechten Modell zu erkennen, dass die Breite der äußeren Streben zum Torsionsanker hin zunimmt, was auf die kraftverstärkende Strebenanordnung zurückzuführen ist (vgl. Abbildung 4.36).

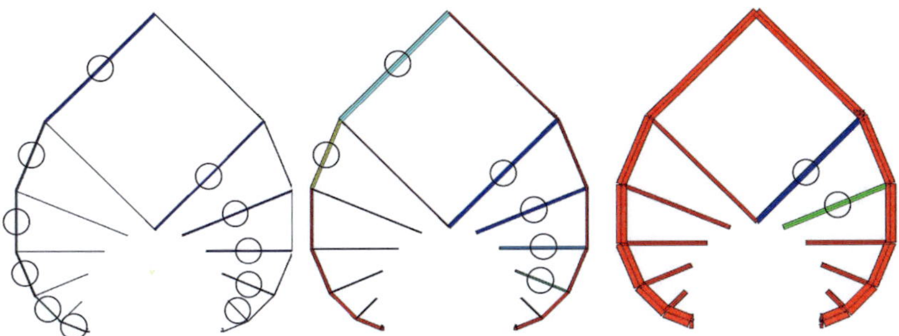

Abbildung 4.43: Standardtorsionsanker mit verschieden großen horizontal wirkenden Querkräften belastet, Kreise markieren durch Knickauslegung verstärkte Streben. Links: kleine Kraft F_1, Mitte: mittlere Kraft F_2, rechts: große Kraft F_3

Die aufgebrachten Kräfte werden zu Beginn über die Materialzunahme bei der Knickauslegung des Standardtorsionsankers bestimmt. Die drei Kräfte F_1, F_2, F_3 stehen zueinander im Verhältnis $F_1 : F_2 : F_3 = 1 : 6,6 : 26,2$.

4.6.3 Resultate

Für drei verschieden große Kräfte wird das benötigte Volumen der eingeführten Strukturen bei dem Verhältnis $H/L = 2$ in Abbildung 4.44 gegenübergestellt. Die Strukturvolumen werden auf das Volumen der Struktur des abgespannten Masts normiert.

Für große Kräfte sind die meisten Strukturen deutlich besser als der abgespannte Mast. Der Leiterrahmen benötigt nur 70% des Volumens, alle anderen Strukturen sind mit 41-58% noch besser. Die Strukturen der Kraftkegelmethode schneiden dabei geringfügig schlechter ab als die Strukturen der Computermethoden und der von Michell abgeleiteten Struktur.

Die von den Michellsystemen abgeleitete Struktur zeigt bei allen Kraftstufen die besten Ergebnisse.

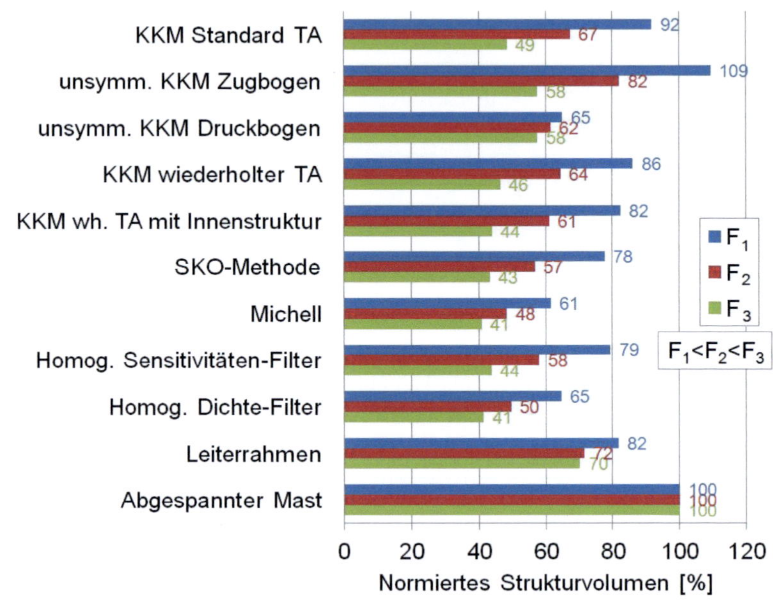

Abbildung 4.44: Normiertes Strukturvolumen der verschiedenen Vergleichsstrukturen für unterschiedlich große Kräfte (Abkürzungen: KKM-Kraftkegelmethode, TA-Torsionsanker)

Für fast alle Strukturen gilt, dass das Volumen relativ zum abgespannten Mast für geringere Kräfte weniger deutlich verringert wird. Die unsymmetrische Kraftkegelstruktur mit außenliegendem Druckbogen bleibt als einzige der Strukturen für alle Kräfte bei 58-65% des Volumens. Der Leiterrahmen hat eine Spanne von 12%, die Spanne bei den anderen Strukturen umfasst 20-51%.

Die unsymmetrische Kraftkegelstruktur mit außenliegendem Zugbogen schneidet als einzige Struktur bei kleiner Kraft schlechter ab als der abgespannte Mast. Bei großer Kraft hingegen benötigt sie gleich viel Material wie die unsymmetrischen Struktur mit dem außenliegenden Druckbogen. Die vielen innenliegenden Druckstreben müssen bei kleinen Kräften durch die Knickauslegung deutlich verstärkt werden. Für den Fall der großen

Kraft besitzen beide Strukturen das gleiche Volumen, da keine Strebe auf Grund der Knickauslegung verbreitert werden muss.

Die Kraftkegelstruktur des wiederholten Torsionsankers benötigt für die verschiedenen Kräfte jeweils weniger Material als die Standardkonstruktion. Diese Verbesserung wird durch das Hinzufügen der Innenstruktur weiter gesteigert. Durch die Anbindung der inneren Streben als Winkelhalbierende und die damit einhergehende Reduzierung der Kraft in der äußeren Strebe erzielt diese Struktur somit das beste Ergebnis der Kraftkegelstrukturen.

Allgemein haben die schmalen Strukturen wie die unsymmetrische Struktur mit außenliegendem Druckbogen, die Michellstruktur und die Struktur der Homogenisierungsmethode mit Dichte-Filter bei kleinen Kräften ein geringeres Volumen als die breiteren Strukturen.

Der Einfluss des zu wählenden Strebenwinkels α wird in Abbildung 4.45 an der Standardkonstruktion und der unsymmetrischen Struktur mit außenliegendem Druckbogen für Strebenwinkel $\alpha = 16 - 42,5°$ gezeigt. Die gestrichelte Linie hebt die Ergebnisse mit einem Strebenwinkel $\alpha = 22,5°$ hervor, der bei den Strukturen der anderen Studien und den neben dem Diagramm abgebildeten Strukturen verwendet wird. Die Volumen sind je Kraft auf den Standardtorsionsanker mit diesem Winkel normiert.

Der Strebenwinkel beeinflusst direkt die Anzahl der inneren Streben, die die äußere Strebe zum Ankerkreis hin umlenken. Je größer der Winkel ist, desto weniger Streben werden benötigt. Dadurch verlängern sich die Strebenlängen der äußeren Teilstücke zwischen den Umlenkungspunkten. Außerdem verändern sich gleichzeitig die Umlenkungswinkel der äußeren Strebe. Mit zunehmendem Strebenwinkel wird die Umlenkung schärfer und die in Abbildung 4.36 diskutierte Kraftzunahme in der äußeren Strebe nimmt an Bedeutung zu.

Der Strebenwinkel hat bei den Standardtorsionsankern für jede Kraft einen ähnlichen Einfluss. Mit zunehmendem Strebenwinkel sinkt das Strukturvolumen. Die Volumenreduktion durch die geringere Strebenanzahl wirkt sich ungefähr bis zu einem Strebenwinkel $\alpha = 35°$ deutlicher aus. Für größere Winkel bleibt das Volumen näherungsweise konstant, da die Kraftzunahme und die Verlängerung der Streben dominierender wird.

Das Volumen der unsymmetrischen Kraftkegelstruktur mit äußerem Druckbogen bleibt bei der mittleren und der großen Kraft trotz Winkeländerung

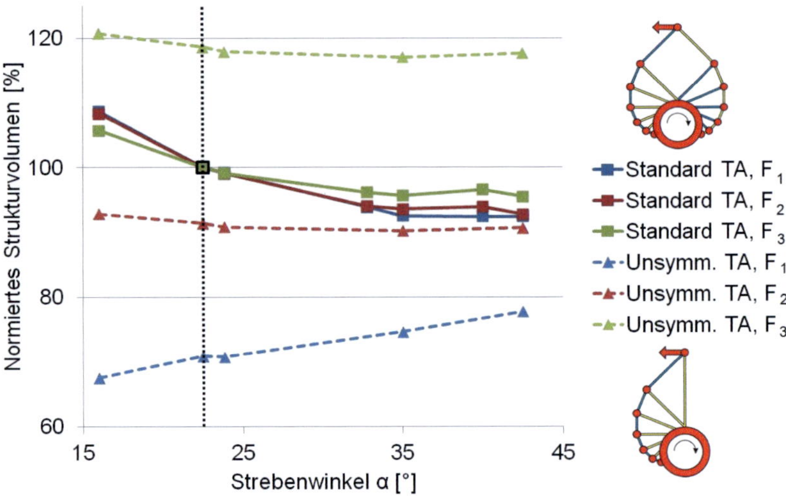

Abbildung 4.45: Normiertes Strukturvolumen des Standardtorsionsankers der Kraftkegelmethode (Standard TA) und des unsymmetrischen Torsionsankers (unsymm. TA) mit außenliegendem Druckbogen für unterschiedlich große Kräfte $F_1 < F_2 < F_3$.

nahezu gleich, die beschriebenen Effekte halten sich die Waage. Bei Belastung mit der kleinen Kraft sind die Stabkräfte gering und die Strukturen filigran. Für kleine Winkel wird der äußere Druckbogen durch die inneren Streben entsprechend des Bananenblatteffekts aus Kapitel 2.5.1 in viele kurze Druckstreben unterteilt. Die Stablänge geht in die kritische Knickkraft (vgl. Gleichung 2.18) quadratisch ein und hat somit einen großen Einfluss, der sich bei dieser filigranen Struktur mit kleinen Kräften deutlich bemerkbar macht. Wird der Strebenwinkel erhöht, vergrößert sich ebenfalls das Strukturvolumen bedingt durch die Knickauslegung.

Die unsymmetrische Kraftkegelstruktur mit äußerem Zugbogen schneidet insgesamt schlechter als diese beiden Strukturen ab, da alle inneren Druckstreben und die zusätzliche mittlere Druckstrebe gegen Knicken ausgelegt werden müssen. Für größere Strebenwinkel wird sie durch die reduzierte Anzahl der inneren Streben konkurrenzfähiger.

Tabelle 4.1 gibt die Verhältnisse der Kraft und des Strukturvolumens wieder. Das Strukturvolumen wird dabei über alle Kraftkegelstrukturen für die jeweilige Kraft gemittelt.

Tabelle 4.1: Verhältnisse der Kraft und des gemittelten Strukturvolumens

	$\mathbf{F_1}$	$\mathbf{F_2}$	$\mathbf{F_3}$
Kraft	1,0	6,6	26,2
	$\mathbf{V_1}$	$\mathbf{V_2}$	$\mathbf{V_3}$
Strukturvolumen	1,0	2,8	9,1

Die Zunahme des Strukturvolumens ist nicht proportional zu der Erhöhung der Kraft, sondern nimmt mit größer werdender Kraft ab. Ein Grund dafür ist das zusätzliche Material, das wegen der Knickauslegung bei schlanken Strukturen infolge kleiner Kräfte deutlich größer ist, als bei den stärker dimensionierten Strukturen für große Kräfte.

4.7 Dreidimensionale Erweiterung

Bisher wurden mit der Kraftkegelmethode zweidimensionale Probleme betrachtet. Ein symmetrisches, dreidimensionales Beispiel soll im Folgenden das Potential der Methode im Raum aufzeigen.

Aus den zweidimensionalen Kegeln mit eindeutigem Schnittpunkt der Kegelränder werden im Dreidimensionalen Kegel, die sich entlang von Linien schneiden und somit keinen Primärpunkt, sondern vielmehr eine Primärlinie hervorbringen. Die Primärpunkte zur Strukturerzeugung werden so gewählt, dass die Verbindungsstrecken von der Kraft und den Lagern zu diesen Primärpunkten minimal werden. Sie liegen im folgenden Beispiel auf den Symmetrieebenen.

Abbildung 4.46 veranschaulicht die dreidimensionale Konstruktion mit der Kraftkegelmethode. Die vier Lager liegen als Eckpunkte eines Quadrats mit Seitenlänge L in einer Ebene und werden mittig durch eine vertikale Kraft belastet, deren Angriffspunkt sich auf der Höhe $H = L/6$ oberhalb der Lagerebene befindet. Von den wirkenden Kraftkegeln werden hier zur besseren Übersichtlichkeit nur die oberen Teile eingezeichnet (A). In Teil

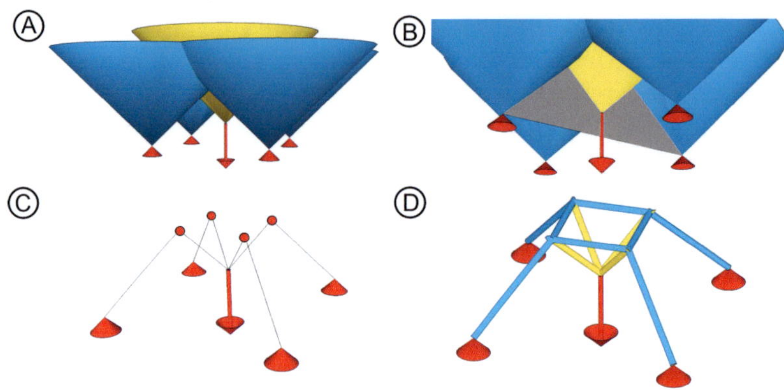

Abbildung 4.46: Dreidimensionale Konstruktion mit der Kraftkegelmethode. A) Kraftkegel, B) Symmetrieebene, C) Primärpunkte, D) Kraftkegelstruktur

B wird in grau eine Symmetrieebene gezeigt. Die Schnittlinien der Kegel und der Symmetrieebene stellen die kürzeste Verbindung von der Kraft und den Lagern zu den Primärlinien dar und schneiden sich somit in den Primärpunkten (C). Abschließend werden die Primärpunkte verbunden und es entsteht die dreidimensionale Kraftkegelstruktur (D). Zur Veranschaulichung ist dieses Beispiel in einer Schnittdarstellung in Abbildung 4.47 gezeigt. Dabei wird vertikal durch eine graue Symmetrieebene (yz-Ebene) und horizontal durch die zur Lagerebene parallele Ebene auf Höhe der Primärpunkte geschnitten.

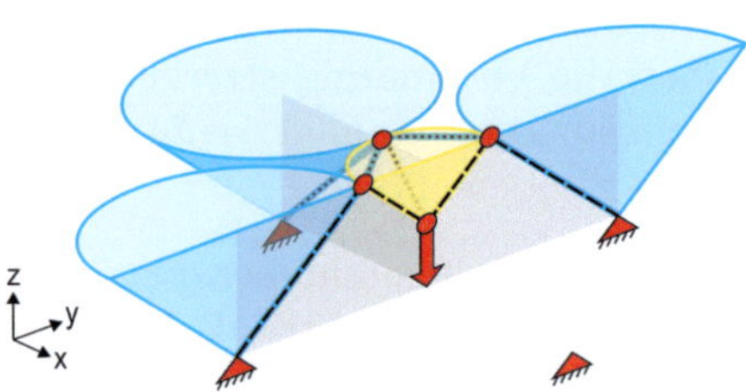

Abbildung 4.47: Schnittdarstellung der dreidimensionalen Konstruktion mit der Kraftkegelmethode

Das Modell erinnert an das bereits eingeführte zweidimensionale Galgen-Modell, das als Vergleich in Abbildung 4.48 zusammen mit der dreidimensionalen SKO-Lösung dargestellt ist. Teil D der Abbildung 4.46 und die SKO-Lösung weisen Ähnlichkeiten auf. Vier Streben verlaufen von den Lagern zu einem oberen Ring, der die Druckkräfte weiterleitet. An dieses Druckbogengestell ist die Kraft über Zugstreben zu den Umlenkungspunkten, den Primärpunkten der Kraftkegelmethode, angebunden.

Abbildung 4.48: Links: zweidimensionales Vergleichsmodell nach der Kraftkegelmethode, rechts: dreidimensionale SKO-Struktur

Die Kraftkegelmethode liefert somit auch im Dreidimensionalen Strukturen, die Ähnlichkeiten zu den Strukturen der SKO-Methode aufweisen. Eine zunehmende Komplexität erschwert allerdings die einfache Gestaltfindung. Zwar helfen Grafikprogramme bei der Darstellung und Verarbeitung von Kegeln und Schnitten, jedoch geht dabei die Einfachheit der Methode verloren. Zum verbesserten Verständnis von dreidimensionalen Strukturen trägt die Kraftkegelmethode bei, indem zug- und druckbelastete Strukturteile schneller identifiziert und nachvollzogen werden können. Außerdem führen Schnitte der dreidimensionalen Struktur zu zweidimensionale Betrachtungen, die mit der Kraftkegelmethode einfacher zu bearbeiten sind.

5 Experimenteller Vergleich

Einzelne Strukturen der Kraftkegelmethode werden in einem experimentellen Vergleich konventionellen Lösungen der entsprechenden Probleme gegenüber gestellt. Die Modelle werden alle mit der FEM-Software *Ansys* in einem iterativen Prozess auf die Festigkeit dimensioniert und gegen Knicken ausgelegt, d.h. die Dimensionierung und die Knickauslegung werden mehrmals wiederholt. Innerhalb einer Vergleichsreihe bleibt die Gesamtmenge des verbauten Materials pro Modell gleich. Dabei wird stets versucht, die Modelle so zu optimieren, dass ein Festigkeitsversagen genauso wahrscheinlich ist wie ein Versagen durch Knicken.

5.1 Versuchsaufbau

An dieser Stelle werden die einzelnen Teile des Experiments beschrieben. Im Experiment kommt im Gegensatz zu den bisherigen Simulationen ein anisotropes Material zum Einsatz, das sich einfach fertigen lässt. Über Hülsen werden die Proben an den Kraft- und Lagerpunkten in der Prüfmaschine eingespannt. Bei Belastung werden die Kraft-Weg-Kurven aufgezeichnet, die Aufschluss über Steifigkeit und Festigkeit geben. Pro Geometrie werden fünf Proben gefertigt und geprüft.

5.1.1 Material

Auf Grund der guten Fertigungsmöglichkeiten wird für den Vergleich ein extrudierter Polystyrol-Hartschaum, auch Styrodur genannt, ausgewählt. Dieses Material wird üblicherweise als Dämmmaterial bei Häusern verwendet und ist unter anderem in $2cm$ dicken Platten erhältlich. Der Elastizitätsmodul und die Festigkeit sind anisotrop und unterscheiden sich bei Zug- und Druckbelastung. In Vorstudien wurden die Materialkennwerte von Styrodur ermittelt und sind in Tabelle 5.1 zusammengefasst. Die Materialkennwerte in der Richtung senkrecht zur Plattenebene werden nicht benötigt. [28]

Tabelle 5.1: Materialkennwerte von Styrodur

Zug	E-Modul [MPa]			Festigkeit [MPa]		
Orientierung	0°	45°	90°	0°	45°	90°
Mittelwert	20,403	18,367	16,717	0,738	0,585	0,502
Standardabw.	0,241	0,225	0,123	0,002	0,003	0,001
Verhältnis	100%	90%	82%	100%	79%	68%
Druck	**E-Modul [MPa]**			**Festigkeit [MPa]**		
Orientierung	0°	45°	90°	0°	45°	90°
Mittelwert	13,713	9,683	7,773	0,307	0,203	0,166
Standardab.	0,202	0,058	0,198	0,001	0,001	0,001
Verhältnis	100%	71%	57%	100%	66%	54%
Zug/Druck	**1,49**	**1,90**	**2,15**	**2,40**	**2,88**	**3,02**

5.1.2 Fertigung

Jedes der Modelle wird zunächst in dem FEM-Programm *Ansys* mit den Materialkennwerten von Styrodur iterativ dimensioniert und gegen Knicken ausgelegt. Mittels einer PLT-Datei werden die Konturen an das CNC-Steuerungsprogramm *DeskCNC* übergeben, mit dem die Größe und die Position angepasst, die NC-Werkzeugbahn erstellt und die für Innenkonturen benötigten Umspannpunkte eingefügt werden. Die Styrodurplatten werden grob auf Modellabmaße geteilt, an den Umspannpunkten mit gebohrten Löchern versehen und über Spannvorrichtungen auf dem Schneidtisch befestigt. Abbildung 5.1 zeigt den Aufbau der Schneidanlage. Das Material wird so ausgerichtet, dass die 0°-Orientierung immer in vertikaler Richtung liegt.

Der Controller setzt die Steuerungsbefehle in ein Signal für die Motoren um, die Spindeln antreiben. Diese Spindeln verfahren die auf Schienen geführten Schlitten, so dass ein gespannter, elektrisch beheizbarer Schneidedraht

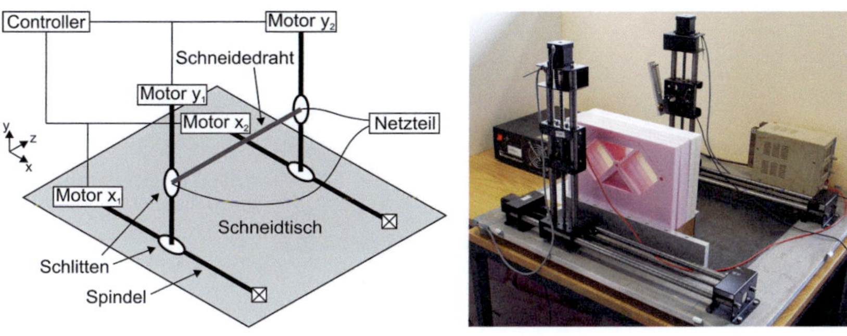

Abbildung 5.1: Aufbau der Schneidanlage. Links: Prinzipskizze, rechts: Foto

entlang der Modellkonturen in x- und y-Richtung bewegt wird. Der Schnitt von Innenkonturen erfordert ein Umspannen.

Im Anschluss werden in die für Kraft- und Lagereinspannung vorgesehenen Löcher der Proben Aluminiumhülsen eingeklebt, um damit eine näherungsweise punktförmige Lasteinleitung zu erreichen ohne dabei ein Versagen an der Einspannung zu erhalten. Alle Modelle werden gleichermaßen an den Lasteinleitungen verdickt, so dass ein Ausreißen der Hülse verhindert wird.

5.1.3 Prüfung

Die gefertigten Proben werden auf einer *Instron*-Prüfmaschine getestet und die zugehörigen Kraft-Weg-Kurven über eine Kraftmessdose und einen induktiven Wegaufnehmer mit *DASYLab* aufgezeichnet. Dabei bewegt sich der Querträger im Maschinenrahmen vertikal nach oben. Für die verschiedenen Vergleichsreihen kommen unterschiedliche Probenhalterungen auf dem Querträger zum Einsatz, je nachdem, ob Fest- oder Loslager bzw. eine vertikale oder horizontale Orientierung gewählt werden.

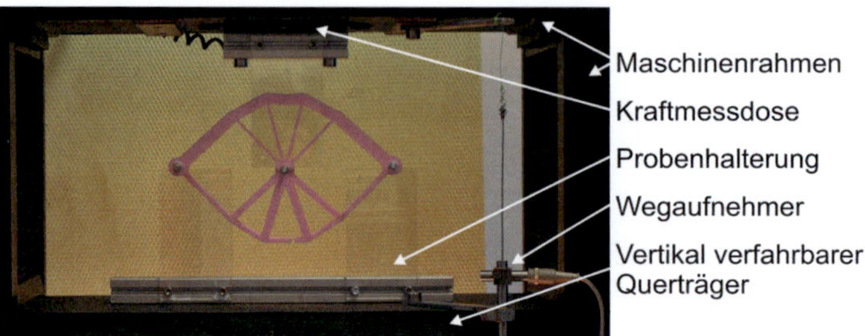

Abbildung 5.2: Aufbau der Prüfmaschine

5.2 Vergleichsstrukturen

Die Randbedingungen der zu vergleichenden Strukturen sind aus den
vorhergehenden Teilen der Arbeit weitestgehend bekannt. Eine vertikal
wirkende Kraft greift mittig zwischen zwei Lagern an, wobei die Kraft auf
zwei verschiedenen Höhen eingeleitet wird. Mit der Kraftkegelmethode
ergeben sich daraus die Modelle des Diamanten und des Galgens.

Alle Strukturen werden ausdimensioniert, d.h. die Strebendicken werden
durch FEM-Analysen an die Materialeigenschaften angepasst und dadurch
eine bestmögliche Materialverteilung gewährleistet. Im Idealfall werden die
Zugstreben gerade mit der Zugfestigkeit beansprucht und die Druckstreben
entsprechend mit der Druckfestigkeit. Außerdem sind die Druckstreben
genau so breit, dass sie gerade nicht durch Knicken versagen. Dabei ergeben
sich Unsicherheiten durch das teilweise inhomogene Material und die
Annahmen bei der FEM-Modellierung des anisotropen und Zug-Druck-
unterschiedlichen Materials.

Innerhalb der Vergleichsreihe kommt für die Modelle jeweils gleich viel
Material zum Einsatz.

Mittige vertikale Kraft

Für eine mittige vertikale Kraft sind die Randbedingungen und die Modelle
in Abbildung 5.3 gezeigt. Die vertikale Kraft greift mittig zwischen zwei

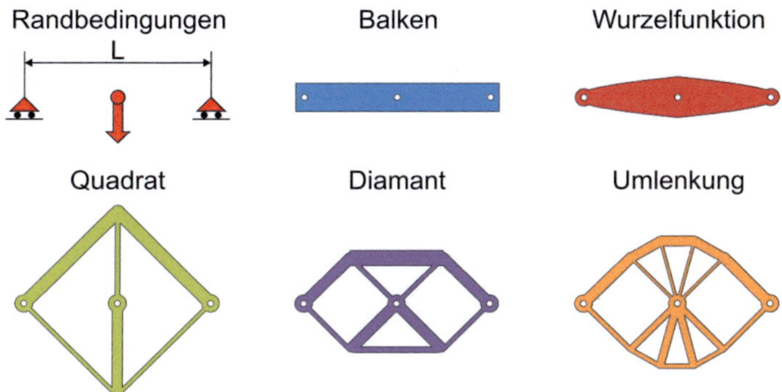

Abbildung 5.3: Randbedingungen und Modelle der mittigen vertikalen Kraft

Loslagern an, die den vertikalen Freiheitsgrad beschränken. Der Lagerabstand ist durch die Fertigungsrestriktionen auf $L = 240mm$ festgelegt.

Als einfachstes Modell wird der **Balken** gewählt. Durch die zwei Loslager erfährt der Balken eine reine Biegebelastung. Auf Grund der Biegebelastung wird die Materialverteilung des Balkens durch die Form der **Wurzelfunktion** optimiert. Dadurch werden die Biegespannungen in den Randfasern überall gleich groß. Die Biegespannung in der Randfaser berechnet sich aus dem Biegemoment und dem Widerstandsmoment. Das Biegemoment M_b ergibt sich als Produkt der Kraft F und dem Hebelarm z und steigt somit linear zur Belastung in der Mitte an und nimmt weiter zum Lager linear ab.

$$M_b = Fz \tag{5.1}$$

Das Widerstandsmoment W_x ergibt sich mit dem Flächenträgheitsmoment I_x und dem Abstand $e_y = h(z)/2$ zur Randfaser zu: [4]

$$W_x = \frac{I_x}{e_y} = \frac{bh^2(z)}{6}. \tag{5.2}$$

Damit kann die Biegespannung σ_b berechnet werden. [4]

$$\sigma_b = \frac{M_b}{W_x} \tag{5.3}$$

Folglich wird bei konstanter Biegespannung die Randkontur für den Träger
gleicher Biegespannung durch die Auflösung nach $h(z)$ gefunden.

$$h(z) = \sqrt{\frac{6Fz}{b\sigma_b}} \tag{5.4}$$

Dadurch wird verhindert, dass einzelne Bereiche der Randfaser höher belastet sind. Außerdem bewirkt das verbreiterte Material zur Mitte hin einen
deutlichen Anstieg des Flächenträgheitsmomentes, so dass ein Durchbiegen
erschwert wird.

Das **Quadrat** stellt eine triviale Lösung mit Streben dar, jedoch kann
diese Struktur ebenfalls mit der Kraftkegelmethode gedeutet werden. Der
Ansatz der Einführung einer Stützstelle in kraftparalleler Richtung führt
zu der Beschreibung in Abbildung 5.4. Wird die Kraft einerseits nach oben,
andererseits nach unten versetzt, so werden direkte Streben von der Kraft
zu den Lagern erzeugt.

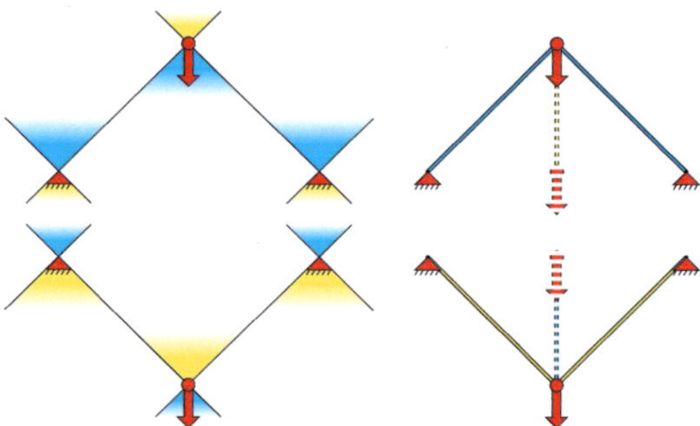

Abbildung 5.4: Konstruktion des Quadrats mit der Kraftkegelmethode

Die Kraftkegelmethode bringt für diese Randbedingungen nach klassischer
Vorgehensweise, wie in Kapitel 3.4.3 beschrieben, die Struktur des **Diamanten** hervor. Die einzelnen Schritte werden in Abbildung 3.12 auf Seite
40 gezeigt.

Die **Umlenkung** optimiert die Struktur des Diamanten wie in Kapitel
4.2.2 beschrieben durch eine sanftere Umlenkung der äußeren Bögen und
durch eine Reduzierung der Längen der knickgefährdeten Druckstreben.

Erhöhte vertikale Kraft

Bei der erhöhten vertikalen Kraft liegt der Kraftangriffspunkt höher als bei der mittigen vertikalen Kraft. Bei einem Lagerabstand $L = 240mm$ liegt die Höhe des Kraftangriffspunktes bei $H = L/6$. Die Lagerung erfolgt durch zwei Festlager, die alle translatorischen Freiheitsgrade beschränken. Abbildung 5.5 zeigt die Randbedingungen und die untersuchten Modelle.

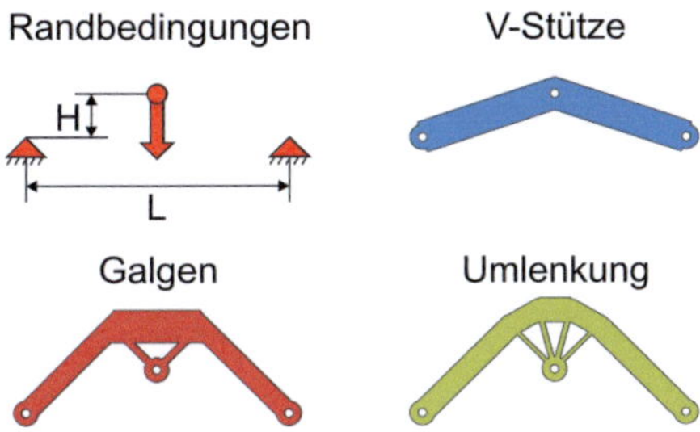

Abbildung 5.5: Randbedingungen und Modelle der erhöhten vertikalen Kraft

Bei der **V-Stütze** wird die Kraft direkt über zwei Druckstreben mit den beiden Lagern verbunden.

Das mit der Kraftkegelmethode gefundene Modell **Galgen** geht einen Umweg und bildet einen Druckbogen aus, mit dem die Kraft über zwei Zugstreben verbunden ist.

Die **Umlenkung des Galgens** im Bereich der mittleren Druckstrebe sorgt auch in dieser Vergleichsreihe für eine sanftere Umlenkung des äußeren Bogens und reduziert die Länge der knickgefährdeten Strebe.

Erhöhte horizontale Kraft

Bei der erhöhten horizontalen Kraft greift zwischen zwei Festlagern eine horizontal wirkende Kraft an, deren Kraftangriffspunkt sich auf der Höhe $H = L$ mit dem Lagerabstand L befindet. Auf Grund der größeren Proben wird der Lagerabstand fertigungsbedingt auf $L = 150mm$ festgelegt. Neben den Randbedingungen im linken Teil von Abbildung 5.6 wird in der Mitte

das Modell „V-Form" und im rechten Teil die „A-Form" gezeigt. Es wird
wiederum bei beiden Modellen die gleiche Menge Material verwendet.

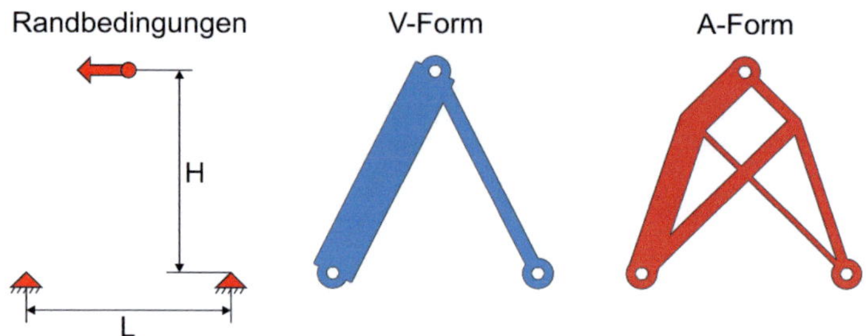

Abbildung 5.6: Randbedingungen und Modelle der erhöhten horizontalen
Kraft

Die **V-Form** besteht aus direkten Streben als Verbindung der Kraft mit
den beiden Lagern.

Die Struktur der **A-Form** wird mit der Kraftkegelmethode gefunden. Die
Vorgehensweise dazu erläutert Abbildung 4.4 auf Seite 48.

Bedingt durch die Bauweise der verwendeten Prüfmaschine werden diese
beiden Modelle in der Prüfmaschine um 90° gedreht, so dass die Lager
vertikal angeordnet sind und eine Belastung nach unten aufgebracht wird.

5.3 Versuchsergebnisse

Im Folgenden werden die Ergebnisse der Versuche aufgeführt. Die beiden entscheidenden Größen sind hierbei die maximale Belastbarkeit der
Struktur und die Steigung der Kraft-Weg-Kurve im elastischen Bereich,
die kennzeichnend für die Steifigkeit der Struktur ist. Weiterhin wird eine
repräsentative Kraft-Weg-Kurve für jede Probe dargestellt.

Mittige vertikale Kraft

Tabelle 5.2 zeigt die Belastbarkeiten der einzelnen Modelle für die mittige vertikale Kraft. Normiert auf den Balken als einfachste Struktur ergibt sich für die optimierte Form der Wurzelfunktion eine Steigerung um etwas mehr als das Doppelte. Die Belastbarkeit des Quadrats liegt um den Faktor 4,06 höher als der Balken. Die klassische Struktur der Kraftkegelmethode, der Diamant, liegt mit einer Belastbarkeitssteigerung um 3,42 knapp dahinter. Die Umlenkung als weitere Optimierung des Diamanten schneidet mit einer Belastbarkeitssteigerung um 4,2 am besten ab.

Tabelle 5.2: Belastbarkeiten der Modelle der mittigen vertikalen Kraft

Modell	Belastbarkeit [N]	Standard-abweichung [N]	Normiert
Balken	37,74	2,95	1,00
Wurzelfunktion	81,36	8,92	2,16
Quadrat	153,30	4,51	4,06
Diamant	129,06	4,82	3,42
Umlenkung	158,62	8,25	4,20

Bei den elastischen Struktursteifigkeiten ergibt sich ein ähnliches, ausgeprägteres Bild. Die Ergebnisse zeigt Tabelle 5.3. Die Wurzelfunktion verbessert den Balken um das 1,69-fache, das Quadrat um das 8,59-fache. Der Diamant führt zu einer Steigerung um den Faktor 6,34 und für die Umlenkung wird das maximale Ergebnis mit einer Steigerung um 9,10 erreicht.

Tabelle 5.3: Steifigkeiten der Modelle der mittigen vertikalen Kraft

Modell	Steifigkeit [N/mm]	Standard-abweichung [N/mm]	Normiert
Balken	3,59	0,24	1,00
Wurzelfkt	6,07	0,46	1,69
Quadrat	30,53	0,82	8,51
Diamant	22,71	1,91	6,33
Umlenkung	32,64	2,21	9,10

Repräsentative Kraft-Weg-Kurven für die Modelle der mittigen vertikalen Kraft sind in Abbildung 5.7 zusammengestellt. Es ist erkennbar, dass die beiden Vollmaterialmodelle Balken und Wurzelfunktion eine deutlich größere Verformung zulassen, jedoch mit einem geringen Anstieg der Belastbarkeit. Die gestrichelten Linien stellen die Steigung der Kurve im elastischen Bereich dar, die als Steifigkeit gedeutet werden kann.

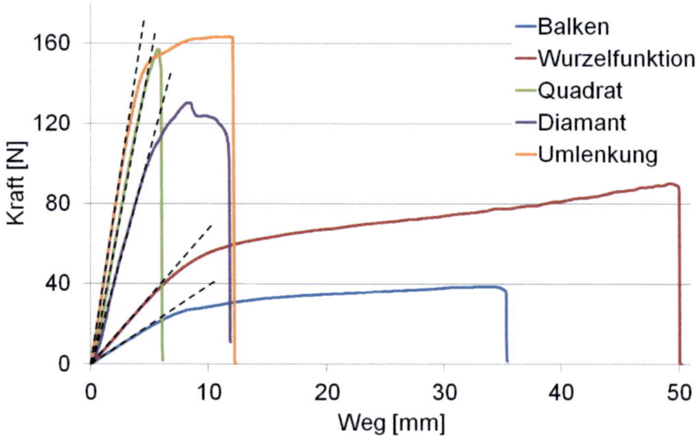

Abbildung 5.7: Repräsentative Kraft-Weg-Messkurven von je einem Modell der mittigen vertikalen Kraft

Erhöhte vertikale Kraft

Die Modelle der erhöhten vertikalen Kraft werden auf das Modell V-Stütze mit den direkten Streben normiert. Die Ergebnisse für die Belastbarkeit sind in Tabelle 5.4 zusammengestellt. Es zeigt sich, dass der Galgen als die klassische Konstruktion nach der Kraftkegelmethode eine um 2,37 gesteigerte Belastbarkeit aufweist. Die Umlenkung bewirkt auch in dieser Vergleichsreihe eine größere Steigerung, allerdings wirkt sie sich mit dem Faktor 2,5 nicht so deutlich aus wie bei der mittigen vertikalen Kraft.

Tabelle 5.4: Belastbarkeiten der Modelle der erhöhten vertikalen Kraft

Modell	Belastbarkeit [N]	Standard-abweichung [N]	Normiert
V-Stütze	45,78	0,70	1,00
Galgen	108,51	3,63	2,37
Umlenkung	114,32	4,43	2,50

Die auf die V-Stütze normierten Steifigkeiten sind in Tabelle 5.5 aufgelistet. Der Galgen steigert das Ergebnis der V-Stütze um 2,74 und die Umlenkung des Galgens um 3,09.

Tabelle 5.5: Steifigkeiten der Modelle der erhöhten vertikalen Kraft

Modell	Steifigkeit [N/mm]	Standard-abweichung [N/mm]	Normiert
V-Stütze	7,71	0,48	1,00
Galgen	21,16	3,34	2,74
Umlenkung	23,92	3,57	3,10

Abbildung 5.8 zeigt repräsentative Kraft-Weg-Kurven der Modelle der erhöhten vertikalen Kraft mit den gestrichelten Linien als Steigung der Kurve im elastischen Bereich.

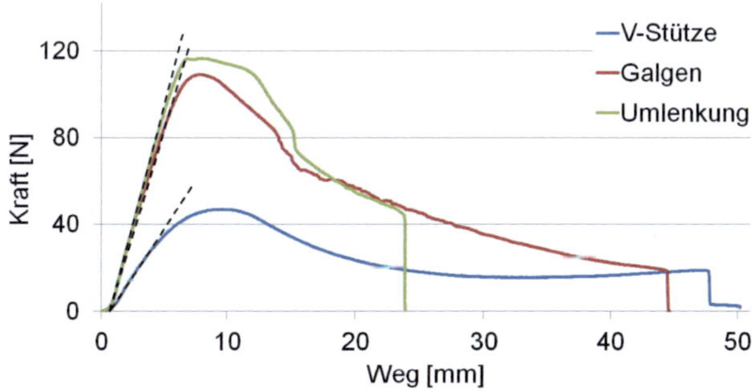

Abbildung 5.8: Repräsentative Kraft-Weg-Messkurven von je einem Modell der erhöhten vertikalen Kraft

Erhöhte horizontale Kraft

Die Belastbarkeit und die Steifigkeit der Modelle der erhöhten horizontalen
Kraft sind entsprechend in den Tabellen 5.6 und 5.7 aufgelistet. Auffallend
ist die große Standardabweichung bei den Messungen und die nahe beieinander liegenden Werte. Zudem konnte bei den Versuchen mit den Proben
dieser Vergleichsreihe durchweg ein Bruch an unterschiedlichen Kerben
der Strukturen festgestellt werden. Die beiden repräsentativen Kurven
der Modelle der erhöhten horizontalen Kraft in Abbildung 5.9 sind sehr
ähnlich.

Tabelle 5.6: Belastbarkeiten der Modelle der erhöhten horizontalen Kraft

Modell	Belastbarkeit [N]	Standard-abweichung [N]	Normiert
V-Form	130,53	25,58	1,00
A-Form	124,29	10,73	0,95

Tabelle 5.7: Steifigkeiten der Modelle der erhöhten horizontalen Kraft

Modell	Steifigkeit [N/mm]	Standard-abweichung [N/mm]	Normiert
V-Form	16,88	1,19	1,00
A-Form	16,11	1,54	0,95

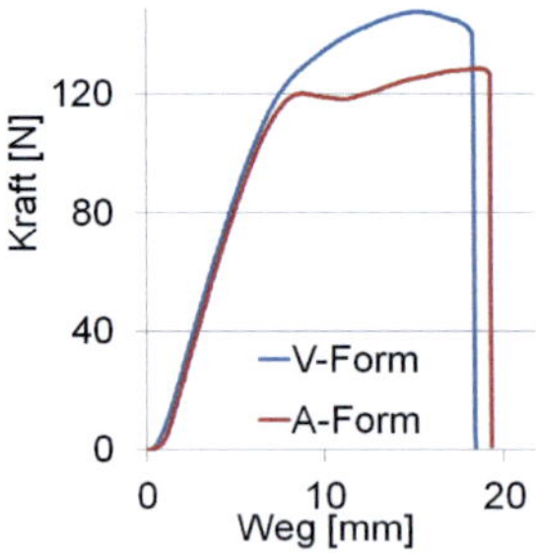

Abbildung 5.9: Repräsentative Kraft-Weg-Messkurven von je einem Modell der erhöhten horizontalen Kraft

5.4 Diskussion der Versuchsergebnisse

Die beiden Vergleichsreihen mit vertikaler Kraft zeigen, dass die Strukturen der Kraftkegelmethode bessere Ergebnisse erzielen als die konventionellen Lösungen. Dabei wird sowohl die Belastbarkeit, als auch die Steifigkeit verbessert. Die Ergebnisse gelten für den anisotropen extrudierten Polystyrol-Hartschaum.

Bei der mittigen vertikalen Kraft handelt es sich um ein Biegeproblem, bei dem Vorteile zu erwarten sind, wenn Strukturen viel Material außerhalb der neutralen Faser der Biegung besitzen. Dadurch vergrößert sich das Flächenträgheitsmoment. Das Quadrat stellt hierfür eine einfache gute Lösung dar, die mit dem Ansatz von Stützstellen als Verschiebung des Kraftangriffspunktes parallel zur Kraftrichtung mit der Kraftkegelmethode erzeugt werden kann. Die Verbesserungen liegen jeweils im Bereich zwischen dem Diamant und der Umlenkung.

Der Effekt der Umlenkung verbessert das Ergebnis der einfacheren Strukturen der Kraftkegelmethode. Bei der mittigen vertikalen Kraft wird die Belastbarkeit des Diamanten dadurch um 22,8% und die Steifigkeit um 43,5% gesteigert. Einerseits sinkt die Strebenlänge, was bei knickgefährdeten Druckstreben direkt mit der Erhöhung der ertragbaren kritischen Knicklast einhergeht. Andererseits wird der Kraftfluss dadurch sanfter umgelenkt, so dass die höheren Spannungen spitzerer Winkel vermieden werden. Desweiteren wird die Struktur durch Hinzufügen weiterer Streben bei ähnlich großem Bauraum dort steifer. Dies führt zu einer geringeren Verformung des Eckelements, an dem dann nur noch eine zu dem Lager führende lange knickgefährdete Druckstrebe angebunden ist.

Bei den Modellen der erhöhten vertikalen Kraft verlängert der erhöhte Kraftangriffspunkt die äußeren zum Lager führenden Druckstreben und verkleinert den durch die weiteren Streben ausgesteiften Bereich in der Mitte. Diese beiden Effekte kombiniert erklären den geringeren Effekt der Umlenkung auf die Modelle der erhöhten vertikalen Kraft. Die Umlenkung des Galgens ist lediglich um 5,5% belastbarer und um 12,8% steifer als der Galgen selbst.

Eine Formoptimierung der gegen Knicken ausgelegten Druckstreben wie bei der Wurzelfunktion würde die Ergebnisse zu Gunsten der Strukturen der Kraftkegelmethode weiter steigern, da das Knicken dadurch erschwert wird. Der Mindestquerschnitt aus der Festigkeitsdimensionierung muss allerdings auch an den schmalen Enden eingehalten werden.

Die Streuung der Ergebnisse bei der erhöhten vertikalen Kraft ist so groß und die Ergebnisse liegen so nahe beieinander, dass es nicht möglich ist, eine aussagekräftige Schlussfolgerung zu ziehen. Weiterhin haben die Proben an unterschiedlichen Kerben versagt, so dass daraus keine Aussagen über die Struktureigenschaften folgen. Die Strukturen sind nach den Festigkeiten der Streben dimensioniert und gegen Knicken ausgelegt. Bei dieser Vergleichsreihe sind die Kerben zunächst versagenskritischer, was eine Formoptimierung beheben könnte.

Oftmals wird bei Optimierungen als weiteres Versagenskriterium eine maximale Verformung vorgegeben. Wird diese hier in den elastischen Bereich der Modelle gelegt, entsprechen die Belastbarkeitswerte den Steifigkeitswerten, was für die gut abschneidenden Modelle eine weitere Verbesserung bedeutet, da diese in der Steifigkeitsbetrachtung noch deutlicher überlegen sind.

6 Anwendung und mechanisches Verständnis

Im folgenden Kapitel wird die Mechanik natürlicher Strukturen untersucht. Die Kraftkegelmethode dient dabei als Herangehensweise, mit der Ansätze für das mechanische Verständnis entwickelt und durch Plausibilitätsuntersuchungen überprüft werden.

6.1 Die Kraftkegelmethode am Baum

6.1.1 Vergleich von Wurzelmodell, Containerformel und geworfenen Wurzelplatten

Nach der Kraftkegelmethode hat Mattheck [22] den hochbelasteten Bereich unter einem Baum mit einem neuen Wurzelmodell bestimmt. Dieses ist in Abbildung 6.1 gezeigt. Die geometrischen Abmaße des Wurzelmodells stehen in linearer Abhängigkeit zum Stammradius R_S.

In Städten werden teilweise Bäume in Containern aufgestellt, da diese beweglich sind, die Wurzeln keine Rohre oder Häuser beeinträchtigen und der Baum seltener Anfahrschäden erfährt. Um die Größe des zu verwendenden Containers abzuschätzen, wird dieser letztlich so groß gewählt, dass er nicht umkippt, bevor der Baumstamm bricht. [19]

Der für die Berechnung verwendeten Containerformel liegen einige Annahmen zu Grunde. Der Baum wird durch Schnittmaßnahmen bei einem Höhe-Durchmesser-Verhältnis, dem sogenannten Schlankheitsgrad, von $H/D = 30$ gehalten und sein Gewicht wird nicht berücksichtigt. Der Container erfährt keine Windlast und hat mit der enthaltenen Erde das

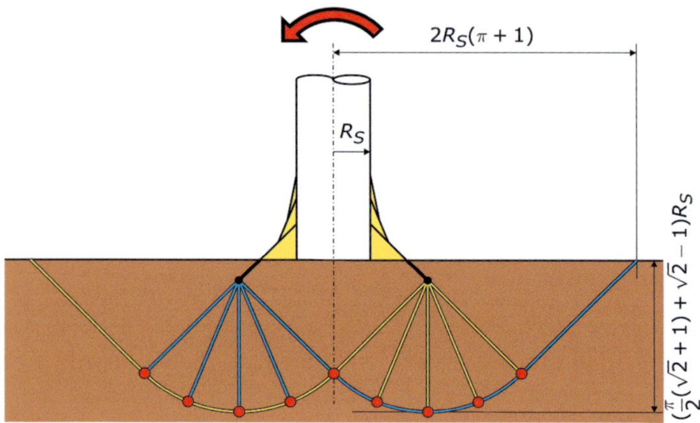

Abbildung 6.1: Wurzelmodell nach der Kraftkegelmethode für den hochbelasteten Bereich unter Bäumen nach [22]

Gewicht G. Der Stamm biegt sich nur unwesentlich und befindet sich in
der Containermitte.

Der Baum bricht, wenn das Bruchmoment M_B des Stammes überschritten
wird. Dieses wird mit dem Stammradius R_S und der Bruchspannung σ_B
berechnet. [19]

$$M_B = \frac{\pi}{4} R_S^3 \sigma_B \tag{6.1}$$

Damit der Baum im Container genau dann bricht, wenn der Baum mit dem
Container umkippen würde, wird das Bruchmoment dem Kippmoment
M_K des Containers gleichgesetzt. Das Kippmoment ergibt sich als Produkt
aus dem Containerradius R_C und der Gesamtgewichtskraft G. [19]

$$M_B = M_K = R_C G \tag{6.2}$$

Daraus folgt eine Abhängigkeit des Containerradius R_C vom Stammradius
R_S, wenn eine Containerhöhe H_C festgelegt und die gemittelte Wichte
ρ_W aus Container und Erde eingesetzt wird. [19]

$$R_C = R_S \sqrt[3]{\frac{\sigma_B}{4 H_C \rho_W}} \tag{6.3}$$

Abbildung 6.2 zeigt für einen Stammradius $R_S = 0,2m$ eine Überlagerung des zugehörigen Wurzelmodells und der entsprechenden Container mit den Höhe/Radius-Verhältnissen $H_C/R_S = 4, 5, 6$.

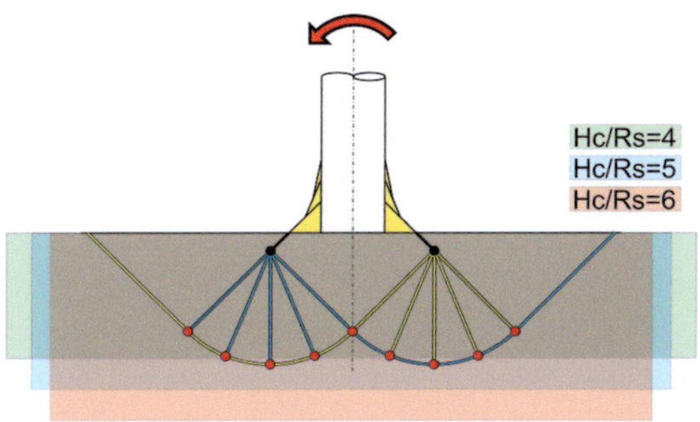

Abbildung 6.2: Baumfuß mit Stammradius $R_S = 0,2m$ und zugehörigem Wurzelmodell, sowie Container mit verschiedenen Höhe/Radius-Verhältnissen entsprechend Gleichung 6.3

Der Wurzelradius im Wurzelmodell nach der Kraftkegelmethode verhält sich linear zum Stammradius, wohingegen der Containerradius nach der Containerformel mit der in Abhängigkeit des Stammradius veränderbaren Höhe einen nicht linearen Anstieg hat. Beide Verläufe werden in Abbildung 6.3 gezeigt. Dort sind ebenfalls die gemessenen Radien geworfener Baumwurzelplatten eingetragen. Dazu wurden 2500 Wurzelplatten vermessen und Einhüllende bestimmt. [17]

Die gemessenen Windwürfe sind alle durch Baumwurf versagt. Bei gleichem Stammradius existieren Würfe mit verschieden großer Wurzelplatte, was auf unterschiedliche Scherfestigkeiten der Erde zurückzuführen ist. Je größer die Scherfestigkeit ist, desto kleinere Wurzelplatten genügen. Im Falle des Wurfes hat das angreifende Moment das Wurfmoment überstiegen. Dieses zum Wurf erforderliche Moment kann zuvor durch Nässe herabgesetzt worden sein.

Verglichen dazu liegen alle Containerkurven über den gesamten Bereich betrachtet am oberen Rand der gemessenen Wurzelplattenradien. Das bedeutet, dass der Container groß genug gewesen wäre und eher der Baum im Container geworfen worden wäre.

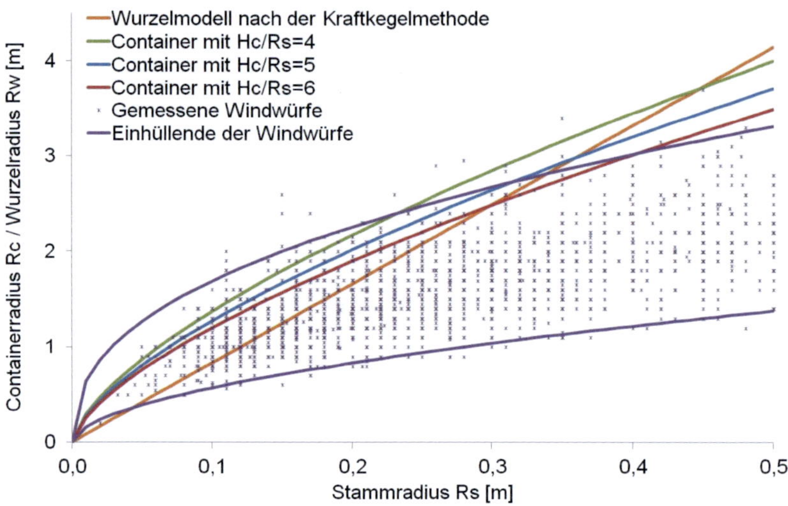

Abbildung 6.3: Wurzelmodell, Containerformel und geworfene Wurzelplatten in Abhängigkeit des Stammradius

Das Kraftkegelwurzelmodell liegt anfangs im mittleren Wertebereich der Wurzelplattenradien. Somit stellt die Containerformel die konservativere Abschätzung dar, wohingegen das Wurzelmodell die schnellere Methode liefert, um eine Abschätzung der Wurzelplattendimensionen zu erhalten.

6.1.2 Bruch oder Wurf - Lastabschätzungen im Wurzelmodell

Bei Wind oder Sturm kann ein Baum auf zwei grundlegende Weisen versagen. Entweder der Stamm bricht oder der ganze Baum wird geworfen und dreht sich aus dem Boden heraus. Die zwei Versagensmechanismen werden schematisch in Abbildung 6.4 dargestellt.

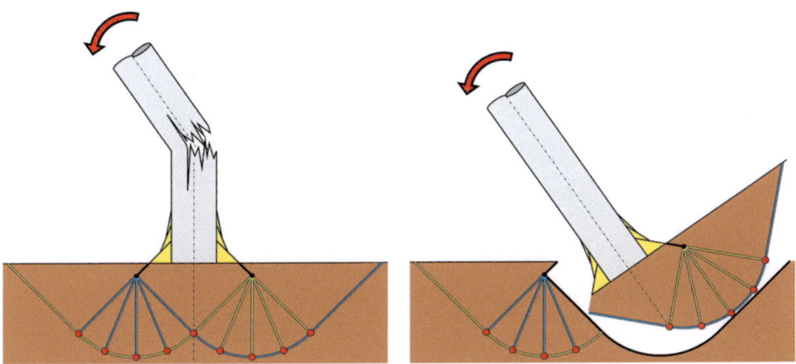

Abbildung 6.4: Prinzipskizzen der Versagensmechanismen eines Baumes. Links: Stammbruch, rechts: Baumwurf [9]

Beim Stammbruch stellt das Bruchmoment M_B des Stammes die versagensentscheidende Größe dar. Es ist abhängig vom Stammradius R_S und von der materialbedingten Bruchfestigkeit σ_B. Die Berechnung erfolgt nach Gleichung 6.1 aus Kapitel 6.1.1.

Der Stammbruch tritt ein, wenn der Baum gut verankert ist und bei starker Windbeanspruchung das dadurch angreifende Moment größer wird als das Bruchmoment. Bleibt das angreifende Moment kleiner als das Bruchmoment, besteht die Möglichkeit des Baumwurfs, für den das Wurfmoment entscheidend ist. Geht man von einem Walzenmodell aus, ist das Wurfmoment vom Umfang U, der Tiefe t, dem Walzenradius R_W und der Scherfestigkeit τ_f des Bodens abhängig:

$$M_W = U t R_W \tau_f. \tag{6.4}$$

Bei dieser Untersuchung werden nachfolgende Annahmen getroffen. Die Bruchfestigkeit wird auf den gängigen Wert $\sigma_B = 60 MPa$ festgelegt. Um eine Abschätzung für verschiedene Böden treffen zu können, variiert die Scherfestigkeit der Erde im typischen Bereich von $\tau_{f,gut} = 0,1 MPa$, $\tau_{f,mittel} = 0,04 MPa$ bis $\tau_{f,schlecht} = 0,01 MPa$. Das Wurzelmodell wird durch ein Walzenmodell mit quadratischer Grundfläche angenähert. Abbildung 6.5 veranschaulicht die Modellbildung. [9]

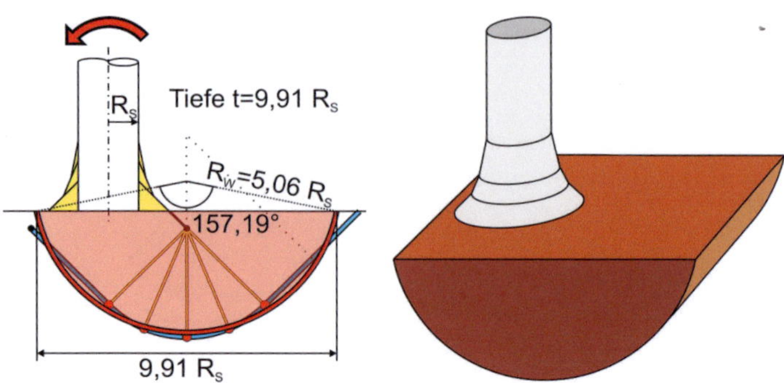

Abbildung 6.5: Geometrische Annäherung eines Walzenmodells an das Wurzelmodell [9]

Abbildung 6.6 zeigt den Verlauf der Bruch- und Wurfmomente. Es ist zu erkennen, dass mit diesen Annahmen Bäume in guter, hinreichend fester Erde durch einen Stammbruch versagen. Je schlechter die Erde wird, desto geringer wird das Wurfmoment. Dieses wird einerseits durch eine andere Bodenart oder andererseits durch veränderte Bodeneigenschaften, wie dem größeren Wasseranteil nach einem Regen, beeinflusst. Unterschreitet das Wurfmoment eines Baumes dessen Stammbruchmoment, wird der Baum geworfen.

Als Rechenbeispiel wird ein Baum mit einem Schlankheitsgrad $H/D = 40$ betrachtet, der einen Stammradius $R_S = 0,3m$ besitzt. Somit ist der Baum $H = 24m$ hoch, wobei angenommen wird, dass die resultierende Kraft des Windangriffs auf einer Höhe $H_{Wind} = H/2 = 12m$ auf den Stamm wirkt. Aus Abbildung 6.6 können die dem Stammradius zugehörigen Momente entnommen werden. Wird von mittelmäßiger Erde ausgegangen, versagt der Baum durch Wurf bei einem Moment von $M = 0,75MNm$. Daraus lässt sich die angreifende Windkraft F_{Wind} folgendermaßen berechnen:

$$F_{Wind} = M/H_{Wind} = 58,3kN. \tag{6.5}$$

Dieser Wert ist vergleichbar mit Werten aus Wurfstudien und bestätigt somit die Modellbildung. Allerdings muss beachtet werden, dass ein realer Baum komplexer ist als diese theoretische Betrachtung. Nur beim gesunden

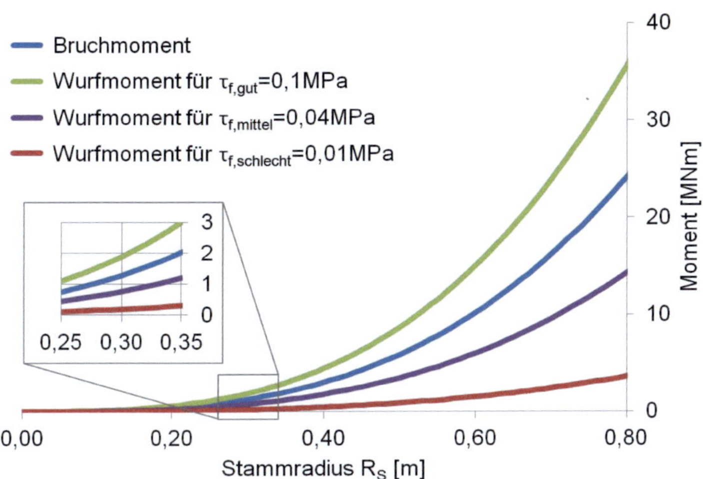

Abbildung 6.6: Verlauf der Bruch- und Wurfmomente

Baum kann mit dem ganzen Stammradius gerechnet werden. Bäume weisen natürlich bedingte Störstellen auf, die das Bruchmoment verringern können. Der Boden ist ebenfalls inhomogen und die Eigenschaften, wie in Kapitel 2.5.3 beschrieben, vom Feuchtegehalt und dem Druck abhängig.

6.2 Die Mechanik der Mangrove

Die Rote Mangrove bildet im Gegensatz zu anderen Bäumen gebogene Stelzwurzeln aus, um sich im Untergrund zu verankern. Nachfolgend wird die Mechanik dieses Wurzelsystems als ein Grund für die Ausbildung der Leichtbau anmutenden Struktur untersucht.

Randbedingungen

Einen wesentlichen Unterschied zu anderen Bäumen stellt bei den Mangroven der wassergesättigte, schlammige Untergrund dar, der für sehr spezielle

Eigenschaften zur Verankerung sorgt. Wie in Kapitel 2.5.3 beschrieben, wird die Scherfestigkeit des Bodens durch die Kohäsion, die Reibung und die Belastung der Erde bestimmt. Der schlammige Untergrund sorgt durch die kleinere Korngröße für eine Reduktion des Reibungswinkels und die Wassersättigung verringert die Kohäsion, so dass die Scherfestigkeit des Bodens sehr gering ist. Eine Verankerung wie bei anderen Bäumen ist demnach schwierig, da diese sonst schon bei relativ geringen Belastungen mitsamt dem Wurzelballen geworfen werden würden.

Für die folgenden Simulationen wird angenommen, dass in den Untergrund keine Momente eingeleitet werden. Eine Verankerung in dem als homogen betrachteten Boden ist zu allen Seiten möglich, wobei die Kontaktpunkte mit dem Boden zur Vereinfachung Festlager darstellen. Die Nachgiebigkeit des Bodens, das Einsinken des Kontaktpunktes und ein mögliches Herausreißen der Wurzeln werden nicht berücksichtigt.

6.2.1 Kraftkegelansatz

Um ein Verständnis für die Mechanik des Wurzelsystems der Mangrove zu erhalten wird mit Hilfe der Kraftkegelmethode ein Modell für die als Leichtbaukonstruktion gedeutete Mangrove entwickelt.

Wie in Kapitel 2.5.2 beschrieben, fällt der *vivipare*, schwertförmige Keimling der Mangrove zu Boden, bleibt stecken und beginnt dort zu wurzeln. An diesem Trieb greifen nun vor allem horizontale Kräfte durch die Wasserbewegung und den Wind an, so dass eine Situation wie in Abbildung 6.7 abstrahiert werden kann.

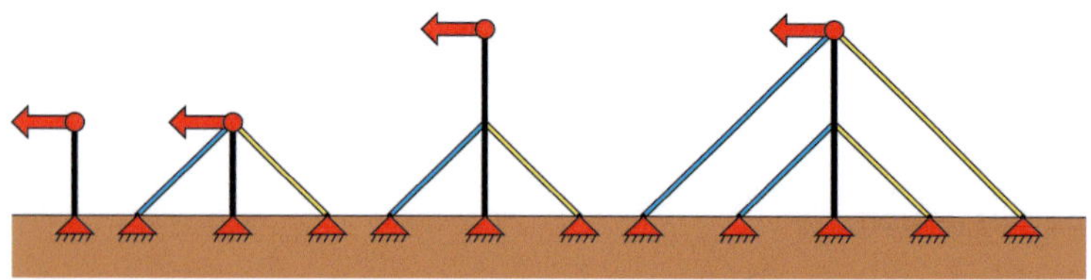

Abbildung 6.7: Kraftkegelansatz zur „Leichtbaustruktur" Mangrove

Bei dem Wachstum der Mangrove kommen weitere Wurzeln mit höherer
Stammanbindung hinzu, womit die zunehmende Belastung durch die steigende Windangriffsfläche in die Erde eingeleitet werden kann. Auf der
Zugseite werden möglichst alle Wurzeln auf Zug belastet und auf der
Druckseite auf Druck. Im Vergleich zu den Fotos der Roten Mangrove
(vgl. Abbildungen 2.16 und 2.17) fällt auf, dass die Wurzelformen unterschiedlich sind. Die Wurzeln als Streben nach der Kraftkegelmethode sind
gerade, im Gegensatz zu den gebogenen Wurzeln der realen Mangrove.

6.2.2 Simulationsmodelle

Die Ansätze durch die Kraftkegelmodelle dienen als Ausgangspunkt für
die Untersuchungen zur Mechanik der Mangrove. Dazu werden zwei- und
dreidimensionale FEM-Analysen verschiedener Modelle durchgeführt, die
sich hauptsächlich in den Wurzelformen unterscheiden.

Als Materialparameter werden für das Holz ein aus vergleichbaren Werten abgeleiteter Elastizitätsmodul $E = 7000 \frac{N}{mm^2}$ und eine Dichte $\rho =$
$1165 \frac{kg}{m^3}$ [29] gewählt. Die Berechnungen werden geometrisch nicht linear
durchgeführt und somit große Verformungen berücksichtigt. Als FEM-
Elementtyp wird ein Balkenelement gewählt, dessen Querschnitte, bzw.
deren Verläufe, einzeln definiert werden.

Bei der Modellierung des Stammes wird berücksichtigt, dass sich dessen
Querschnitte je angebundener Wurzelebene durch die Laststeigerung vergrößert. Die Wurzeln werden entsprechend des realen Vorbilds nach unten
hin verjüngt. Alle Querschnitte werden zur Berechnung als kreisförmig
angenommen. Der reale Querschnitt kann auf Grund des lastadaptiven
Wachstums andere Formen annehmen. Wie in Kapitel 2.5.1 beschrieben,
bilden die Mangroven durch lastadaptives Wachstum auch einen auf Biegebelastung optimierten achtförmigen Querschnitt aus.

Bei der Simulation wird die Komplexität stetig gesteigert. Zunächst werden unterschiedliche Wurzelformen an einer jungen Mangrove mit einem
Wurzelpaar im Zweidimensionalen untersucht (siehe Abbildung 6.8).

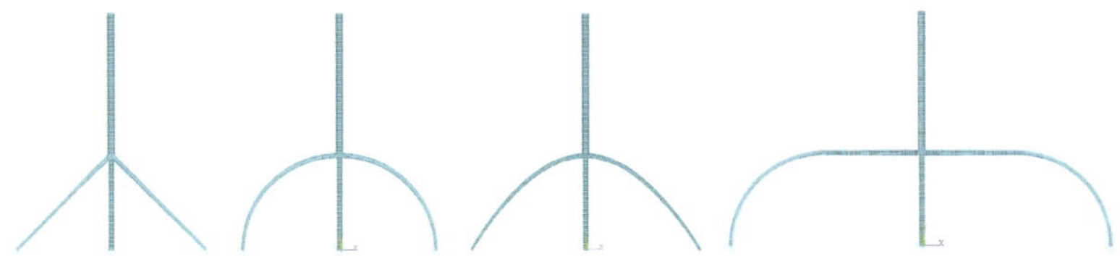

Abbildung 6.8: Simulationsmodelle der Mangrove mit unterschiedlicher Wurzelform

Entsprechend des weiteren Wachstums werden im nächsten Schritt zweidimensionale Wurzelsysteme untersucht, bei denen mehrere Wurzelebenen am Stamm in regelmäßigen Abständen angebracht sind. Eine dreidimensionale Erweiterung folgt und wird mit dem Modell einer realen Wurzelanordnung abgeschlossen. Abbildung 6.9 gibt eine Übersicht über die steigende Komplexität der Modelle, wobei beispielhaft jeweils ein Modell gezeigt ist.

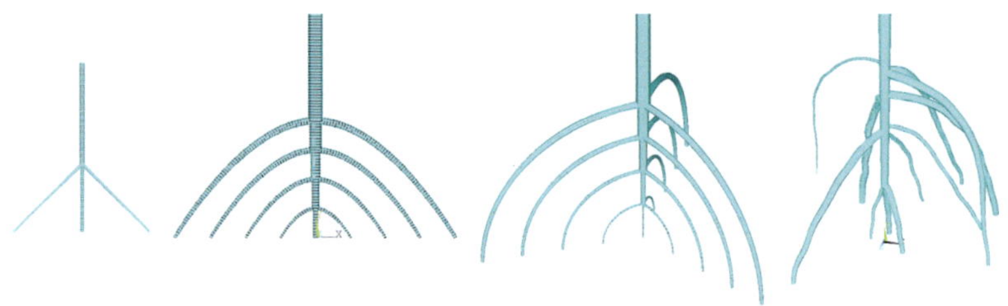

Abbildung 6.9: Steigerung der Komplexität der Simulationsmodelle

Für die Standsicherheit der Mangrove ist die Belastung der Verankerung im Boden eine entscheidende Größe. Löst sich diese Verankerung bei zu großer Belastung, werden die zugbelasteten Wurzeln aus dem Boden herausgezogen, bzw. sinken die druckbelasteten ein. Die Verankerung wird für alle Modelle gleich angenommen, so dass lediglich die Wurzelausprägung einen Unterschied auf die Belastung ausmacht. Eine geringere Belastung führt somit zu einer höheren Standsicherheit. Deswegen werden bei den Untersuchungen in erster Linie stellvertretend für die Belastung die Reaktionskräfte am Fußpunkt der Wurzeln berechnet.

Der Stamm wird innerhalb jeder Vergleichsreihe mit gleichen geometrischen Abmaßen modelliert. Am oberen Ende des Stammes werden die Belastungen durch eine horizontal angreifende Querkraft simuliert.

Für alle Teiluntersuchungen werden ausgewählte Ergebnisse dargestellt. Weitere Beispiele, andere Geometrien und die Parameterstudien sind in [27] zu finden.

6.2.3 Erkenntnisse

Bei der Untersuchung der Wurzelformen anhand der Modelle mit einem Wurzelpaar treten unterschiedlich große Reaktionskräfte im Boden am Fußpunkt der Wurzeln auf. Tabelle 6.1 zeigt einerseits die Spannungsplots für die vorgestellten Wurzelformen, in denen hohe Spannungen rot, mittlere grün und niedrige blau dargestellt sind, und andererseits die maximale im Boden auftretende Reaktionskraft im Verhältnis zur Grundform der geraden Wurzeln.

Tabelle 6.1: Maximale im Boden auftretende Reaktionskraft von Modellen mit einem Wurzelpaar und unterschiedlicher Wurzelform

Wurzelform	Gerade	Kreis	Parabel	Gemischt
Spannungs-plot				
Normierte Reaktions-kraft (max)	100%	34%	31%	21%

Die maximalen Reaktionskräfte nehmen bei gebogenen Wurzelformen deutlich ab. Die Werte dieser Modelle sind um mindestens 66% geringer als bei dem Modell mit geraden Wurzeln. Je breiter die Wurzeln ankern, wie beim Modell mit der aus Kreis und Gerade gemischten Wurzelform, desto kleiner wird der vertikale Anteil der Reaktionskräfte. Bei gleichzeitig sinkender Steifigkeit nimmt für eine breitere Verankerung der wirksame Hebelarm zu, so dass für ein gleich großes Moment, das der Belastung entgegen wirkt, geringere Kräfte ausreichen.

Der horizontale Anteil der Reaktionskräfte ist unter anderem vom Eintrittswinkel der Wurzel in den Boden abhängig. Grundsätzlich verringert sich dieser Anteil, je steiler die Wurzel eintritt, da der Anteil dann rein aus der Biegung resultiert. Die gemischte Wurzelform stellt dabei eine Ausnahme dar, bei der die Biegekräfte sehr groß werden.

Bei einer Erhöhung der Wurzelanzahl werden die Fußpunkte durch die Wurzelformen innerhalb des Modells unterschiedlich stark belastet. Beispielhaft zeigt Abbildung 6.10 den Einfluss einer Krümmung in der Wurzel. Bei den geraden Wurzeln werden hauptsächlich die beiden äußeren Wurzelpaare belastet. Zudem weisen deren Reaktionskräfte an den beiden Fußpunkte auf einer Seite in unterschiedliche Richtungen. Während eine Wurzel in den Boden drückt, wird die direkt benachbarte aus dem Boden herausgezogen. Im Gegensatz dazu sorgen die gebogenen Wurzeln für eine gleichmäßigere Verteilung. Die Reaktionskräfte sind um mehr als 70% geringer und gleichmäßiger verteilt. Die äußeren Wurzeln übernehmen ebenfalls die Hauptbelastung, allerdings sind sie jeweils auf einer Seite gleich gerichtet.

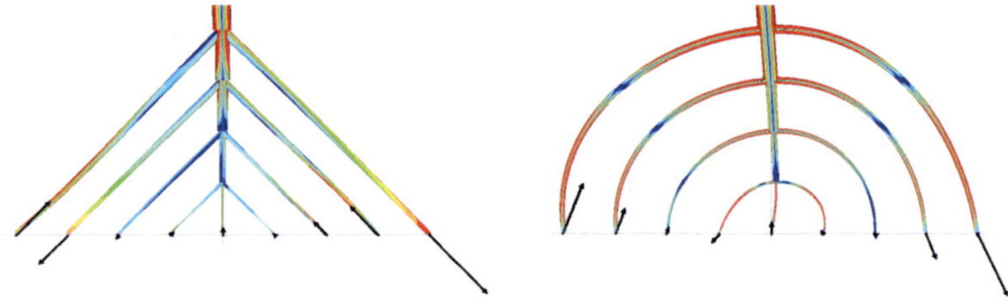

Abbildung 6.10: Unterschied der Reaktionskraftrichtungen bei Modellen mit mehreren Wurzelebenen (Kraftmaßstab unterschiedlich)

Dieser Unterschied wirkt sich auch auf den Drehpunkt der Modelle aus. In einem Verschiebungsplot wie in Abbildung 6.11 werden die Verschiebungen mit Pfeilen und die Größe durch eine entsprechende Länge und Farbe dargestellt. Mit einem schwarzen Kreuz ist dabei der Drehpunkt des Stammes markiert. Dieser liegt bei dem Modell mit geraden Streben kurz unterhalb der obersten Wurzelebene. Die linke Wurzel knickt bei der gegebenen Last ein, der Stamm selbst biegt erst ab dem Drehpunkt. Bei gebogenen Wurzeln verbiegt sich nahezu der gesamte Stamm.

Abbildung 6.11: Verschiebungsplot und Lage des Drehpunktes der Modelle mit mehreren Wurzelebenen

Durch die gebogene Wurzelform werden große Verformungen und somit
ein Nachgeben der Struktur erst möglich. Verformt sich das Modell mit
geraden Wurzeln, so würden die Wurzeln unmittelbar aus dem Boden
heraus gerissen werden, da diese geometrisch kürzeste Strecke keine La-
geveränderung zulässt. Durch eine gebogene Wurzelform verformt sich
der Stamm, indem sich die gebogenen Wurzeln auf der einen Seite gerade
biegen und auf der anderen Seite eine stärkere Biegung erfahren.

Die Bereiche hoher Spannungen sind für das kreisförmig gebogene Man-
grovenmodell im linken Teile der Abbildung 6.12 eingekreist. Der obere
Bereich an der Wurzelanbindung zum Stamm entsteht durch die Geometrie
dieser Wurzel. In der Realität wächst der hier kreisrund modellierte Querschnitt durch das lastadaptive Wachstum in einer anderen Form. Nach
dem gleichen Prinzip wie in Abbildung 2.13 werden die Biegespannungen
durch eine Achtform deutlich reduziert.

Um die hohen Spannungen im unteren Bereich zu reduzieren, verzweigen
sich die Mangrovenwurzeln an diesen Stellen, so dass die Lasteinleitung
in den Boden auf eine größere Anzahl von Fußpunkten verteilt wird. Dies
verstärkt und versteift einerseits die Bereiche hoher Spannungen in den
gebogenen Wurzeln, wodurch sich die Spannungen verringern, andererseits
reduzieren sich dadurch auch die Belastungen auf die Verankerungen im
Boden. Abbildung 6.12 zeigt im rechten Teil den Spannungsplot eines

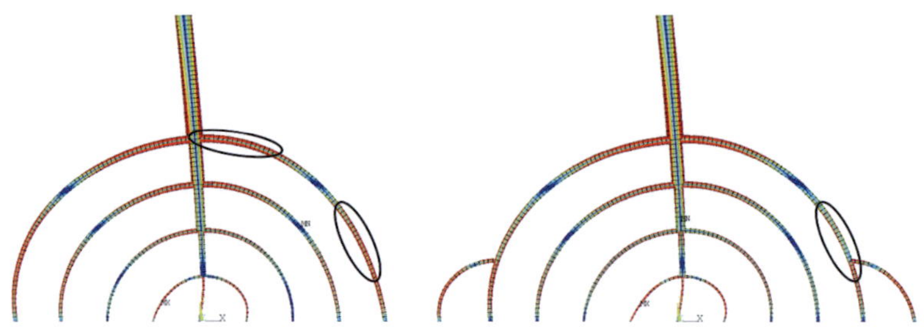

Abbildung 6.12: Links: Mangrove mit eingekreisten Bereichen hoher Spannungen, rechts: die Wurzelverzweigung reduziert die hohen Spannungen in einem der Bereiche

verzweigten Modells, bei dem die Spannungen im äußeren Bereich deutlich geringer sind. In Abbildung 2.17 lassen sich viele Verzweigungen finden.

Die Verzweigungen sorgen außerdem dafür, dass die Auslenkung, bzw. die Verformung des Stammes um mehr als zehn Prozent zurückgeht und sich die maximale Reaktionskraft im Boden um 45% verringert. Die maximalen Kräfte treten bei den äußersten Wurzeln auf, die sehr häufig diese mechanisch günstigen Verzweigungen aufweisen.

Mit der geringeren und gleichmäßigeren Kraftverteilung durch die gebogenen Wurzeln folgt gleichzeitig eine größere Verformung der Gesamtstruktur. Diese Nachgiebigkeit wird in Tabelle 6.2 im dreidimensionalen Fall verglichen. Die Verformung des Stammes wird durch die Verschiebung des Kraftangriffspunktes am oberen Ende des modellierten Stammes relativ zu dem Modell mit geraden Wurzeln betrachtet.

Beim Modell mit den kreisförmigen Wurzeln reduziert sich die maximale Reaktionskraft im Boden auf 23%, allerdings ist die Verformung nahezu doppelt so groß wie bei dem Modell mit geraden Wurzeln. Beim Modell mit parabelförmigen Wurzeln geht die Reduktion der Reaktionskraft auf 32% mit einer Verformung von 134% einher. Die aus Kreis und Gerade gemischte Wurzelform liefert zwar die geringsten Reaktionskräfte mit nur 7%, allerdings ist die Verformung von 464% erheblich größer als bei den geraden Wurzeln.

Tabelle 6.2: Normierte Verformung der dreidimensionalen Modelle relativ zum Modell mit geraden Wurzeln

Wurzelform	**Gerade**	**Kreis**	**Parabel**	**Gemischt**
Spannungs-plot				
Normierte Reaktions-kraft (max)	100%	23%	32%	7%
Normierte Verformung	100%	199%	134%	464%

Die reduzierten Reaktionskräfte gehen somit zu Lasten der Struktursteifigkeit. Allgemein sinkt die Belastung der Verankerung durch gebogene Wurzeln, doch deren Form hat unterschiedlich große Auswirkungen auf die Struktursteifigkeit. Die Modelle Kreis und Parabel weisen ausgeglichenere Ergebnisse auf als das Modell mit gemischter Wurzelform. Die Reaktionskräfte sind bei diesen Modellen deutlich geringer und die Verformungen bleiben in einem akzeptablen Rahmen. Diese Nachgiebigkeit führt außerdem zu einer gesteigerten Robustheit gegenüber plötzlich auftretenden Windstößen.

Umgekehrt betrachtet erhöhen die geraden Wurzeln die Struktursteifigkeit, was häufig bei technischen Leichtbaukonstruktionen als Optimierungsziel gewählt wird. Die Modelle mit geraden Wurzeln als Lösungen nach der Kraftkegelmethode stellen Leichtbaustrukturen dar, die auf die Steifigkeit optimiert sind. Bei der Mangrove und den ungünstigen Randbedingungen durch den schlammigen Untergrund erweist sich jedoch die bessere Lastverteilung in den Wurzeln als geeigneteres Optimierungsziel.

7 Zusammenfassung

Im Rahmen dieser Arbeit werden Möglichkeiten der computerfreien Gestaltfindung für Leichtbaustrukturen aufgezeigt. Die Ansätze der Kraftkegelmethode nach Mattheck werden im Vergleich zu bewährten Strukturoptimierungsmethoden untersucht und um zusätzliche Elemente erweitert. Ein experimenteller Versuch bestätigt für einfache Strukturbeispiele das grundlegende Konstruktionsvorgehen und den Leichtbauanspruch. Durch die Methode wird der Zugang zu technischen und natürlichen Strukturen und das mechanische Verständnis davon erleichtert.

Für verschiedene Randbedingungen werden die mit der Kraftkegelmethode erzeugten Strukturen mit den Ergebnissen der Computeroptimierungen wie der SKO- und der Homogenisierungsmethode verglichen. In den meisten Fällen werden große strukturelle Übereinstimmungen festgestellt, jedoch unterscheiden sich die Ergebnisse in der Darstellung. Die Strukturen der Computeroptimierungen sind teilweise komplex und schwer zugänglich. Eine Plausibilitätsprüfung, die Bewertung der Randbedingungen und Vorschläge zu deren Anpassung sind damit nur sehr eingeschränkt möglich. Dies wird hingegen mit der Kraftkegelmethode deutlich vereinfacht. Die Strukturerzeugung erfolgt rein grafisch ohne Computer. Die anschauliche Darstellung der Ergebnisse führt zu einem verbesserten Verständnis der Strukturen. Das Ergebnis verdeutlicht beispielsweise direkt die Beanspruchungsart der Streben und eröffnet die Möglichkeit, die oft vergleichbaren Strukturteile der anderen Methoden besser zu analysieren und funktionell zu betrachten. Ungünstige Randbedingungen wie eine nachteilige Lageranordnung werden mit Kraftkegeln vereinfacht identifiziert, allerdings findet beispielsweise die Einführung geometrischer Grenzen als Bauraumbeschränkung bisher keine Berücksichtigung.

Das allgemeine Konstruktionsvorgehen der Methode wird durch zusätzliche Elemente erweitert. Die Umlenkung sorgt für einen angepassten Kraftflussverlauf, gleicht die Umlenkwinkel aus, verkürzt knickgefährdete Streben und versteift gleichzeitig hochbelastete Bereiche. Stützstellen ermöglichen Kraftkegelstrukturen für unsymmetrische Randbedingungen, sorgen für eine teilweise symmetrische Struktur und führen dadurch zu einem inneren Kräfteausgleich. Untersuchungen zu Höhenverhältnissen zeigen Bereiche auf, in denen Hilfsstrukturen sinnvoller sind als direkte Streben. Ersatzweise Betrachtungen von Einzelkräften erweitern das Einsatzgebiet der Kraftkegelmethode für linienförmige Lasteinleitungen. Die Ersatzkräfte werden als gleichbedeutend angenommen, so dass bei diesen Lastkollektiven zur Strukturerzeugung lediglich die Kraftrichtung berücksichtigt wird. Für Lastkollektive mit deutlicher Kraftgrößenvariation bleibt der Einfluss des Kraftbetrags zu bestimmen. Für eine kreisförmige Lagerungsart, dem sogenannten Torsionsanker, werden die Strukturen in einem theoretischen Vergleich untersucht. Dazu werden Simulationsmodelle von den Strukturvorschlägen aller Methoden abgeleitet, dimensioniert und gegen Knicken ausgelegt. Dabei wird gezeigt, dass die Kraftkegelstrukturen materialeffizienter sind als konventionelle Lösungen und mit den Ergebnissen der Computeroptimierungsmethoden mithalten können. Grundsätzlich wird die Knickgefährdung bei geringerer Stablänge und bei größerer Betriebsbelastung kleiner. Für große Kräfte benötigen die Kraftkegelstrukturen bis zu 56% weniger Material als die einfachste Lösung und bis zu 37% weniger als eine Lösung konventionellen Leichtbaus.

In einem experimentellen Versuch werden Kraftkegelstrukturen mit konventionellen Lösungen verglichen. Die Modelle werden dazu mit FEM-Analysen auf die Festigkeit dimensioniert, gegen Knicken ausgelegt und anschließend CNC-gesteuert aus extrudiertem Polystyrol-Hartschaum gefertigt. Bei der Prüfung zeigt sich für die Modelle der Kraftkegelmethode im Vergleich zu konventionellen Lösungen sowohl eine Belastbarkeitssteigerung, als auch eine Zunahme der Struktursteifigkeit. Für Biegebelastung wird gezeigt, dass die Formoptimierung von Vollmaterialstrukturen die Belastbarkeit auf mehr als das Doppelte erhöht und die Steifigkeit um fast 70% steigert. Bei gleichem Materialeinsatz erreichen die Kraftkegelstrukturen hier eine maximale Belastbarkeitssteigerung um den Faktor 4,2 und eine maximale Zunahme der Steifigkeit um den Faktor 9,1. Die Optimierung durch die Umlenkung bestätigt sich im experimentellen Vergleich. Innerhalb der

Kraftkegelstrukturen erhöht sich die Belastbarkeit um 43,5% und die Steifigkeit um 22,8%. Die Steigerungen sind dabei einerseits von der Größe des Strukturteils abhängig, der durch diese zusätzlichen Streben ausgesteift wird, und andererseits von der versagenskritischen Stelle. Liegt diese nicht im Bereich der Umlenkung, bleibt das primäre Versagen bestehen und die Umlenkung bewirkt nur geringe Verbesserungen. Es zeigt sich, dass die versagenskritische Stelle neben der Anordnung der Strukturteile stark von der Dimensionierung und der Knickauslegung abhängt. Dies weist auf die Bedeutung der Dimensionierung als weiterer Teil der Strukturoptimierung hin. Demnach stellt die Anordnung der Strukturteile eine Voraussetzung für ein optimales Ergebnis dar, jedoch hängt der damit erzielte Erfolg ebenfalls von anderen Parametern der Strukturoptimierung ab.

Neben der Betrachtung dieser technischen Strukturen wird am Beispiel der Mangrove aufgezeigt, wie Ansätze mit der Kraftkegelmethode gefunden werden und zu einem mechanischen Verständnis führen. Die Rote Mangrove bildet typische Stelzwurzeln zur Verankerung im schlammigen Untergrund aus, die auf den ersten Blick als Leichtbau erscheinen. In FEM-Analysen werden Modelle untersucht, die auf verschiedenen Abstrahierungsstufen den Einfluss der Wurzelformen vergleichen. Es kann festgestellt werden, dass die Reaktionskräfte an den Wurzelfußpunkten durch eine gebogene Wurzelform um mindestens 66% geringer sind als bei gerader Wurzelform, für manche Krümmungen kann die Reduktion bis zu 80% betragen, allerdings geht damit eine reduzierte Steifigkeit einher. Gebogene Wurzeln sorgen für einen Ausgleich der Reaktionskräfte auf der Druck- und der Zugseite des Stammes. Weiterhin wurde die mechanische Wirksamkeit der Verzweigung untersucht. Die äußersten Wurzeln der Mangrove verzweigen sich meist in mehrere Teilwurzeln. Mit den Modellen wird gezeigt, dass durch Verzweigungen die Belastungen an den Wurzelfußpunkten um nahezu 45% reduziert und gleichzeitig die Struktursteifigkeit um 10% erhöht werden. Außerdem sinken dadurch die Spannungen in den hochbelasteten Bereichen der gebogenen Wurzeln. Reduzierte Reaktionskräfte im Boden gehen einher mit einer gesteigerten Nachgiebigkeit der Struktur. Für die Standsicherheit der Mangrove wirkt sich dies bei dem schlammigen Untergrund positiv aus, jedoch ist bei technischen Strukturen häufig eine hohe Steifigkeit erwünscht. Die Modelle mit den Ansätzen der Kraftkegelmethode weisen im Vergleich die höchsten Steifigkeiten auf und rechtfertigen damit den technischen Leichtbauanspruch der Methode.

Die Arbeit trägt zur Einführung einer computerfreien Gestaltfindung und zum Verständnis für Leichtbaustrukturen bei. Die grundlegenden Vorgehensweisen werden verifiziert und daraus Ansätze zur Weiterentwicklung der Kraftkegelmethode abgeleitet. Somit werden Hilfestellungen für die Konstruktion und die Bewertung von Strukturen gegeben, die Material und Ressourcen effektiv nutzen.

Literaturverzeichnis

[1] BAUER, Jens: *Untersuchungen zu Torsionsankerstrukturen der Kraft-kegelmethode.* Karlsruhe, Karlsruher Institut für Technologie (KIT), Diplomarbeit am Institut für Angewandte Materialien, 2011

[2] BEITZ, Wolfgang ; GROTE, Karl-Heinrich: *Dubbel - Taschenbuch für den Maschinenbau.* 20. Auflage. Berlin, Heidelberg, New York : Springer-Verlag, 2001

[3] BENDSØE, Martin P. ; SIGMUND, Ole: *Topology Optimization - Theory, Methods and Applications.* 2. Auflage. Berlin, Heidelberg, New York : Springer-Verlag, 2004

[4] BIRNBAUM, Heinz ; DENKMANN, Norbert: *Taschenbuch der Technischen Mechanik.* 1. Auflage. Frankfurt a.M., Thun : Verlag Harri Deutsch, 1997

[5] BOLAY, Eberhard ; SCHEDLER, Jürgen: Mangrove - Wälder im Bereich der Gezeiten. In: *Biologie in unserer Zeit* Nr. 1 (1978), S. 8–16

[6] ESCHENAUER, Hans ; SCHNELL, Walter: *Elastizitätstheorie: Grundlagen, Flächentragwerke, Strukturoptimierung.* 3. Auflage. Mannheim, Leipzig, Wien Zürich : BI Wissenschaftsverlag, 1993

[7] FAO: *The world's mangroves 1980-2005.* Rom : Food and Agriculture Organization of the United Nations, 2007

[8] GROSS, Dietmar ; HAUG, Werner ; SCHRÖDER, Jörg ; WALL, Wolfgang A.: *Technische Mechanik - Band 1: Statik.* 11. Auflage. Berlin, Heidelberg, New York : Springer-Verlag, 2011

[9] HALLER, Sascha ; MATTHECK, Claus: Bruch oder Wurf - Lastabschätzungen im neuen Wurzelmodell. In: *Tagungsband 18. VTA-Spezialseminar, Messen und Beurteilen am Baum* (2012)

[10] HARZHEIM, Lothar: *Strukturoptimierung - Grundlagen und Anwendungen*. 1. Auflage. Frankfurt am Main : Wissenschaftlicher Verlag Harri Deutsch, 2008

[11] HENNING, Frank ; MOELLER, Elvira: *Handbuch Leichtbau - Methoden, Werkstoffe, Fertigung*. 1. Auflage. München, Wien : Carl Hanser Verlag, 2011

[12] JANIK, Michael: *Berechnung von Leichtbaustrukturen mit der SKO-Methode*. Karlsruhe, Karlsruher Institut für Technologie (KIT), Studienarbeit am Institut für Angewandte Materialien, 2013

[13] KACHANOV, Mark ; SHAFIRO, Boris ; TSUKROV, Igor: *Handbook of Elasticity Solutions*. 1. Auflage. Dordrecht, Boston, London : Kluwer Academic Publishers, 2003

[14] KLEIN, Bernd: *Leichtbau-Konstruktion - Berechnungsgrundlagen und Gestaltung*. 9. Auflage. Wiesbaden : Vieweg + Teubner Verlag, 2011

[15] LANG, Hans-Jürgen ; HUDER, Jachen ; AMANN, Peter ; PUZRIN, Alexander M.: *Bodenmechanik und Grundbau - Das Verhalten von Böden und Fels und die wichtigsten grundbaulichen Konzepte*. 9. Auflage. Berlin, Heidelberg, New York : Springer-Verlag, 2011

[16] LÄPPLE, Volker: *Einführung in die Festigkeitslehre*. 1. Auflage. Wiesbaden : Friedr. Vieweg & Sohn Verlag, 2006

[17] MATTHECK, Claus: *Mechanik am Baum*. 1. Auflage. Karlsruhe : Forschungszentrum Karlsruhe GmbH, 2002

[18] MATTHECK, Claus: *Design in der Natur - Der Baum als Lehrmeister*. 4. Auflage. Freiburg i.Br., Berlin : Rombach Verlag, 2006

[19] MATTHECK, Claus: *Aktualisierte Feldanleitung für Baumkontrollen mit Visual Tree Assessment*. 1. Auflage. Karlsruhe : Forschungszentrum Karlsruhe GmbH, 2007

[20] MATTHECK, Claus: *Denkwerkzeuge nach der Natur*. 1. Auflage. Karlsruhe : Karlsruher Institut für Technologie (KIT), 2010

[21] MATTHECK, Claus: *Stupsi erklärt den Baum*. 4. Auflage. Karlsruhe : Karlsruher Institut für Technologie (KIT), 2010

[22] MATTHECK, Claus: *Thinking Tools after Nature.* 1. Auflage. Karlsruhe : Karlsruher Institut für Technologie (KIT), 2011

[23] MATTHECK, Claus ; HALLER, Sascha: The Force Cone Method - A New Thinking Tool for Lightweight Structures. In: *Design and Nature VI*, WIT Press, 2012, S. 15–22

[24] MATTHECK, Claus ; HALLER, Sascha ; BETHGE, Klaus: Der verhasste stumpfe Winkel. In: *Konstruktionspraxis* 9 (2010), S. 14–15

[25] MICHELL, A.G.M.: The Limits of Economy of Material in Frame-Structures. In: *Philosophical Magazine* Vol. 8, No. 47 (1904), S. 589–592

[26] MÜLLER, Günter ; GROTH, Clemens: *FEM für Praktiker - Band 1: Grundlagen.* 8. Auflage. Renningen : Expert Verlag, 2007

[27] OHMER, Jonas: *Untersuchungen zur Mechanik der Mangrove.* Karlsruhe, Karlsruher Institut für Technologie (KIT), Bachelorarbeit am Institut für Angewandte Materialien, 2012

[28] PHAN, Long T.: *Experimenteller Vergleich von Kraftkegelstrukturen mit konventionellen Leichtbaustrukturen.* Karlsruhe, Karlsruher Institut für Technologie (KIT), Bachelorarbeit am Institut für Angewandte Materialien, 2013

[29] RUMBOLD, Darren ; SNEDAKER, Samuel: Do Mangroves Float? In: *Journal of Tropical Ecology* 10, No. 2 (1994), S. 281–284

[30] SAUER, Alexander: *Untersuchungen zur Vereinfachung biomechanisch inspirierter Strukturoptimierung.* Karlsruhe, Universität Karlsruhe (TH), Dissertation am Institut für Materialforschung, 2008

[31] SCHUMACHER, Axel: *Optimierung mechanischer Strukturen - Grundlagen und industrielle Anwendung.* 1. Auflage. Berlin, Heidelberg, New York : Springer-Verlag, 2005

[32] TOMLINSON, Philip B.: *The Botany of Mangroves.* 1. Auflage. Cambridge : Cambridge University Press, 1986

[33] WIEDEMANN, Johannes: *Leichtbau - Elemente und Konstruktion.* 3. Auflage. Berlin, Heidelberg, New York : Springer-Verlag, 2007

Schriftenreihe
des Instituts für Angewandte Materialien

ISSN 2192-9963

Die Bände sind unter www.ksp.kit.edu als PDF frei verfügbar oder
als Druckausgabe bestellbar.

Band 1   Prachai Norajitra
Divertor Development for a Future Fusion Power Plant. 2011
ISBN 978-3-86644-738-7

Band 2   Jürgen Prokop
**Entwicklung von Spritzgießsonderverfahren zur Herstellung
von Mikrobauteilen durch galvanische Replikation.** 2011
ISBN 978-3-86644-755-4

Band 3   Theo Fett
**New contributions to R-curves and bridging stresses –
Applications of weight functions.** 2012
ISBN 978-3-86644-836-0

Band 4   Jérôme Acker
**Einfluss des Alkali/Niob-Verhältnisses und der Kupferdotierung
auf das Sinterverhalten, die Strukturbildung und die Mikro-
struktur von bleifreier Piezokeramik $(K_{0,5}Na_{0,5})NbO_3$.** 2012
ISBN 978-3-86644-867-4

Band 5   Holger Schwaab
**Nichtlineare Modellierung von Ferroelektrika unter
Berücksichtigung der elektrischen Leitfähigkeit.** 2012
ISBN 978-3-86644-869-8

Band 6   Christian Dethloff
**Modeling of Helium Bubble Nucleation and Growth
in Neutron Irradiated RAFM Steels.** 2012
ISBN 978-3-86644-901-5

Band 7   Jens Reiser
**Duktilisierung von Wolfram. Synthese, Analyse und Charak-
terisierung von Wolframlaminaten aus Wolframfolie.** 2012
ISBN 978-3-86644-902-2

Band 8   Andreas Sedlmayr
**Experimental Investigations of Deformation Pathways
in Nanowires.** 2012
ISBN 978-3-86644-905-3

Band 19   Christian Mennerich
**Phase-field modeling of multi-domain evolution in ferromagnetic
shape memory alloys and of polycrystalline thin film growth.** 2013
ISBN 978-3-7315-0009-4

Band 20   Spyridon Korres
**On-Line Topographic Measurements of Lubricated Metallic Sliding
Surfaces.** 2013
ISBN 978-3-7315-0017-9

Band 21   Abhik Narayan Choudhury
**Quantitative phase-field model for phase transformations in
multi-component alloys.** 2013
ISBN 978-3-7315-0020-9

Band 22   Oliver Ulrich
**Isothermes und thermisch-mechanisches Ermüdungsverhalten von
Verbundwerkstoffen mit Durchdringungsgefüge (Preform-MMCs).** 2013
ISBN 978-3-7315-0024-7

Band 23   Sofie Burger
**High Cycle Fatigue of Al and Cu Thin Films by a Novel High-Throughput
Method.** 2013
ISBN 978-3-7315-0025-4

Band 24   Michael Teutsch
**Entwicklung von elektrochemisch abgeschiedenem LIGA-Ni-Al für
Hochtemperatur-MEMS-Anwendungen.** 2013
ISBN 978-3-7315-0026-1

Band 25   Wolfgang Rheinheimer
Zur Grenzflächenanisotropie von SrTiO$_3$. 2013
ISBN 978-3-7315-0027-8

Band 26   Ying Chen
**Deformation Behavior of Thin Metallic Wires under Tensile
and Torsional Loadings.** 2013
ISBN 978-3-7315-0049-0

Band 27   Sascha Haller
Gestaltfindung: Untersuchungen zur Kraftkegelmethode. 2013
ISBN 978-3-7315-0050-6